# 动物怎样看世界

[法] 弗朗索瓦·穆图　帕斯卡尔·勒梅特尔　著

王大智　毛　莹　译

上海科学技术文献出版社

Shanghai Scientific and Technological Literature Press

# 目　录

# 大脑：
## 各类感觉信息的处理中心

小朋友，知道我们为什么要从大脑开始讲起吗？我们人类用鼻子分辨气味，用眼睛观察事物，用耳朵辨别声音，用嘴巴品尝味道，这一切的实现全都有赖于我们的大脑。动物跟我们人类也差不多！

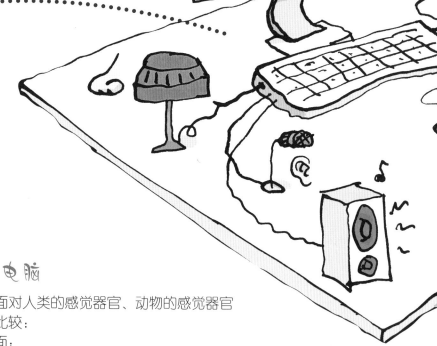

### 处理感觉信息的"中央处理器"

如果把人体比作一台电脑，那么大脑就是这台电脑的中央处理器。我们之所以能够迅速辨认出挚友亲朋的身影，那是因为我们用肉眼看到并传送到大脑的信息与之前存储在大脑中的图像吻合了；如果我们能够从各种不同的声音中识别出朋友的声音，其实也是大脑在发挥作用。动物，至少脊椎动物，很可能和我们人类一样，也是用同样的方式接收信息。狗的嗅觉之所以特别灵敏，那是因为狗鼻腔内部的嗅觉细胞通过嗅觉神经把各种气味信息传到了狗的大脑里。

### 一台"有感觉"的电脑

我们可以从以下几个方面对人类的感觉器官、动物的感觉器官以及计算机的外部设备进行比较：

- 显示器，用于显示图形画面；
- 键盘，用于输入字符；
- 鼠标，用于发送指令；
- 话筒，用于传送声音讯号，与电话有异曲同工之妙；
- 摄像头、视频输入设备，用于网络上的交谈与沟通；
- CD或DVD刻录机，用于读取和存储数据。

这些计算机的外部设备都与中央处理器相连通。中央处理器是计算机的"大脑"，由微处理器和主存储器组成。

### ● 动物世界面面观

有些动物和我们人类一样，长着眼、耳、鼻等感觉器官，而有些动物却长着人类所不具备的感觉器官。这些动物中有大动物也有小动物，有长羽毛的也有不长羽毛的，有飞禽也有走兽。人们不禁产生这样的疑问：这些动物是如何感知周围世界的呢？有些动物能够看到人眼看不到的颜色，听到人耳听不到的声音，嗅到人类无法分辨的气味，有的动物甚至还能利用紫外线或者红外线，这到底都是怎么回事呢？

### ● 动物的感觉软件

研究表明，无脊椎动物（如昆虫、蜘蛛、软体动物、甲壳类动物、蚯蚓、海葵等）虽然有类似小脑的神经中枢，但是它们与脊椎动物感知世界的方式大相径庭。章鱼和枪乌贼等软体动物拥有与人类类似的神经中枢，它们堪称无脊椎动物中的爱因斯坦！无论脊椎动物还是无脊椎动物都有感知世界的方式以及必备的"感觉软件"。

后文内容更精彩！

PROSLANOO

想知道我是谁吗？
到94页找找吧！

## "非洲食蚁兽"牌笔记本电脑

- 我的眼睛：网络摄像头！
- 我的长耳朵：两个用来接收声音的定向麦克风！
- 我的鼻子：辨别气味！我可比电脑厉害多了！
- 我的爪子：捕捉食物（我抓活的小老鼠，我可不抓假模假样的鼠标哦）！
- 我的大脑是一个连接各种外部设备的中央处理器。它能帮助我识别伙伴的气味，听到附近狮子的吼叫声，还能让我在大草原上欣赏美丽的日落、感受微风的轻抚。所有这一切都拜大脑所赐！
  我最与众不同的地方在于，我这台电脑需要用蚂蚁来充电，具体的操作方法就是把舌头伸到蚁穴中"接通电源"。
  现在就跟我出发周游世界吧！

下面，请小朋友跟随旅行团的两个导游开始动物世界的感官探索之旅吧！

明媚的阳光，蔚蓝的天空，熟悉的面庞，五颜六色的花朵，和谐美妙的自然风光，好一派丰富多彩的视觉盛宴！

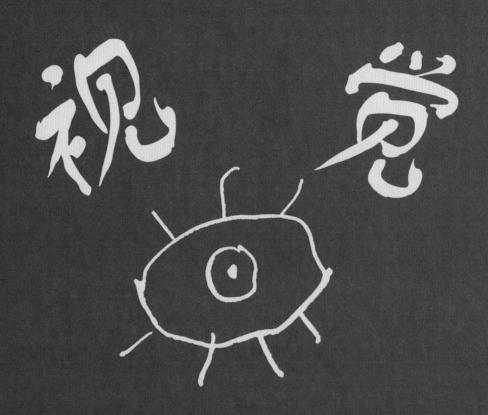

视觉

动物看到的外部世界与人眼中的外部世界是否一致？有些动物习惯昼伏夜出，有些动物只能看到移动的物体、无法识别静止的物体。动物能够理解自己获得的视觉信息吗？动物是否能与我们人类一样看到相同的色彩？动物是否能够看到人眼看不到的颜色？

为什么有些动物长两只眼睛，有些动物长八只眼睛，有些动物甚至还长更多只眼睛？视力差的动物如何识别物像呢？

下面这一章会让你大开眼界！

# 奇怪 的斑马

咱们先去非洲大草原拜会一下身穿"条纹装"的斑马先生吧！

## 斑马的面额

家养马是有名的"大眼睛"。"大眼睛"的表亲斑马生活在非洲大草原上，它们视力超群，身上长满漂亮的斑纹。如果你想揭开斑马拥有绝佳视力的秘密，首先要仔细观察长着长长马脸的斑马脑袋。斑马嘴巴上面的部分叫做面额。斑马嘴巴里长着大排的白齿，有了它们，牧场和大草原上难以咀嚼的青草根本难不倒斑马。斑马面额的两侧长着两只对称的眼睛。当它抬起头来、站直身子时，四周的环境几乎可以尽收眼底。

老兄，你是千里眼哦！

## 事半功倍

斑马不需要转动脑袋就能够对前方、两侧以及身后足够远的范围进行侦察活动。斑马身后有一个十分狭小的区域，那里是它的"盲区"，不过斑马只要稍微转动一下脑袋，就可以毫不费力地完成全景扫描。借助这双眼睛，斑马可以密切注视草原上的一举一动，尤其当一群饥饿的狮子在附近徘徊时，这双眼睛就很可能发挥巨大的作用。

### 疑难词汇

**双眼视觉：** 要想充分体会双眼视觉与单目视觉的区别，我们可以先闭上一只眼睛，然后再睁开双眼试试看。发现了吗，当我们双眼圆睁时，是不是可以看得更清楚呢？

到非洲大草原探险之前，一定要学聪明点！我们要乔装成斑马的模样，因为穿上条纹装，舌蝇就看不到我们，自然就不会叮咬我们了！

## 双眼视觉*与单目视觉

　　虽然斑马的视野范围广，但是它只能用右眼看到右侧区域，用左眼看到左侧区域，这就是"单目视觉"。斑马的双眼视觉区域很小，仅限于它的正前方，也就是说，斑马的前方视野要比两侧视野更清晰。

### 静止的就是安全的吗？

　　斑马凭经验认为，静止的就是安全的，移动的就是危险的。斑马进食时不必转动脖颈四处瞭望，只要不时抬起头来观察一下四周的动静即可。成群的斑马集体活动时，每只斑马都会不停地抬起头来观察周围的情况，这样就能够发现随时可能出现的捕食者，以便集体逃生。狮子猎捕斑马时会潜伏在与自己毛色相近的植物丛中，与周围环境融为一体。它们缓慢移动，试图躲过美味斑马的大眼睛，这样就可以伺机进攻、大快朵颐了！

## 斑　　马

### 为什么会浑身长满条纹？

　　其实这也是一个视觉问题，与舌蝇的视觉有关。人或动物一旦被舌蝇叮咬，锥体寄生虫就有可能寄生在人体或动物体内，人和动物就可能得上不同形式的昏睡症。不过，舌蝇的复眼一般看不到条纹，所以，斑马身穿"条纹睡衣"在草原上闲逛并非疯狂之举，"条纹睡衣"能帮助斑马有效预防舌蝇的叮咬！

茫茫大草原上，天色渐渐暗了下来……

真遗憾，天黑了……

呼呼…

呼呼…

呼呼…

# 跳跃的灵长类动物

加油！
加油！
加油！

身手敏捷、机警灵活是热带丛林的生存技能，有时甚至还要做到眼观六路、耳听八方。对于跳高能手来说，"眼观六路"到底意味着什么？

睁开眼睛……
不错！
跳得好！

### 在树上腾挪跳跃

赤道附近的原始森林虽然美丽迷人，但也险象环生。在距地面30多米高的树上腾挪跳跃绝非易事。头晕眼花肯定是不行的，不但要精力充沛，而且还要准确判断出枝干之间的距离以及树干的牢固程度。对于热衷此类运动的体育健将来说，眼观六路是非常重要的本领。它们不仅要准确判断树枝间的距离，同时也要看清树枝间的高低错落。动物若想看清物体间的高低错落，就需要具有双目视觉。

**长尾猴**

长尾猴体型中等，身材轻巧，尾巴很长，主要栖息在撒哈拉以南的热带雨林中。长尾猴大约有20多个品种，它们的名字一个比一个奇怪，例如，髭长尾猴、青长尾猴、枭面长尾猴、阳光长尾猴等等。

### 立体视觉

大部分灵长目动物长着与我们人类相似的面孔（其实这不足为怪，毕竟我们也是灵长

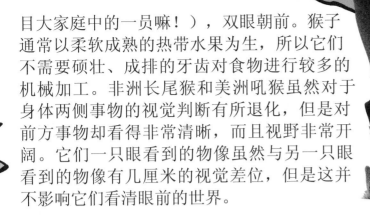

目大家庭中的一员嘛！），双眼朝前。猴子通常以柔软成熟的热带水果为生，所以它们不需要硕壮、成排的牙齿对食物进行较多的机械加工。非洲长尾猴和美洲吼猴虽然对于身体两侧事物的视觉判断有所退化，但是对前方事物却看得非常清晰，而且视野非常开阔。它们一只眼看到的物像虽然与另一只眼看到的物像有几厘米的视觉差位，但是这并不影响它们看清眼前的世界。

## 成群结队觅食的猴子

当看到一群猴子在森林中行进时，我们常常会产生这样的感觉：猴子正一个接着一个、井然有序地沿着一条小路前进。也许是领头的猴子非常熟悉森林里的环境，知道正确的前进路线吧！猴群中经验丰富的猴子记忆力惊人，它可以在不同的季节、在森林中的不同地点找到果树。它除了记忆力好以外，视力也要非常好，因为若要对脚下树枝和对面树枝的状况做出准确的判断，视觉的作用是非常大的。品尝果子需要有很好的味觉，猴子之所以能够选到鲜美多汁的果实，依靠的就是它的味觉。猴子要想找到好吃的果子，不仅要有超强的记忆力，还需要敏锐的视觉和敏感的味觉，三者缺一不可。

当心啊，大笨猴儿！

猴子的体态越是臃肿，越是需要格外注意选择支撑物。

大猩猩是最大的林栖猴，现在仅分布在苏门答腊岛和加里曼丹岛上。大猩猩在树丛间跳跃时，一定要注意选择最佳的支撑点。成年大猩猩一般在地上栖息，小猩猩有时倒是可以放纵一下，体验林间嬉戏的乐趣。

# 伪装高手

跟这家伙玩捉迷藏简直太费劲了!

海洋深处，一只动物在石头缝里玩捉迷藏。它的化妆本领蛮不错嘛! 小朋友，你能在纸上画出这只动物的模样吗?

**疑难词汇**

拟态：生物模拟并适应环境的策略。运用拟态策略，生物能够在其生存的环境中"乔装改扮"，躲避敌害。

答案其实就藏在石头缝里的那条裸胸鳝身上。裸胸鳝是鳗形目的鱼类之一，看上去像条蛇，但它确确实实是一条鱼，成年后身长约120厘米，嘴巴里长着尖利的牙齿，锋利与周围环境浑然一体，小朋友，你猜对了吗?

想一想!

## 头足纲

在非洲，尤其是马达加斯加生活着种类繁多的变色龙，它们能够根据周围环境的变化改变身体的颜色。小朋友，你知道海洋里的变色高手是哪种动物吗？答案就是：章鱼。章鱼的头上长着足和带吸盘的触腕，属头足纲动物，绰号"海底变色龙"。遇到危险时，章鱼能迅速改变身体颜色，与周围环境融为一体，从而躲避敌人的追杀。此外，章鱼还可以通过"变装"来表达情感。值得一提的是，海底世界的变装冠军是一种体形不太大的章鱼，它可以在一分钟内"易容"为身边的各种动物，如石鱼、毒鲉、鳎鱼、环纹海蛇、虾蛄等等。

## 伪装大师

为了不被天敌发现，有些生物会通过改变颜色或者变换外形的办法伪装成周围环境的一部分。绿色的鸽子如果隐藏在长满绿叶的树冠上是很难被发现的；藤蔓蛇缠绕在树枝上能够与周围环境融为一体；有些蜥蜴甚至能完美地伪装成树干的一部分，它们用黏合性很强的爪子牢牢抓住树干，静伏在上面一动不动。澳大利亚的扁尾叶壁虎甚至长着绿叶似的扁平脑袋以及绿叶形状的尾巴。夜幕降临，扁尾叶壁虎的体色在夜色中变成了黑色。即使你费上九牛二虎之力终于在树上发现了这家伙，你也根本分辨不出哪里是它的头，哪里是它的尾巴。

## 蟹蛛

某些无脊椎动物掌握着非常高超的"拟态"*本领。例如，蟹蛛是一种像螃蟹一样横行的蜘蛛，它能够按照花朵的颜色改变体色；某些森林蚱蜢能够把自己乔装改扮成绿叶在树丛间蹦来蹦去，它们的变装技术简直达到了炉火纯青的地步。有的动物还会另外一种"伪装术"，那就是乔装成掠食者不感兴趣的生物，如竹节虫看上去酷似一段短小的竹枝，因此很难被发现。有些昆虫的外形长得跟树叶一模一样，它们甚至还能模仿被风蚀或者被小虫啃食过的缺损的叶子！

## "乔装秘笈"

动物乔装改扮的最高境界便是将自己扮成令天敌也要畏惧万分、退避三舍的动物。某些无害可食用动物为自保，能够将自己"易容"为不可食用的动物，甚至可以"易容"为非常危险的动物，这样捕食者可就不敢轻举妄动了！猩红王蛇堪称个中高手，其实它本身是无毒的，然而它却可以伪装成有剧毒的珊瑚眼镜蛇。

## 当心，危险！

中美洲和南美洲的森林里生活着一种树棘蛙，它体型小小的，看上去好似一个可爱的蛙状首饰，但是不管谁碰到它都可能丢掉性命。其中，有一种剧毒树棘蛙的皮肤能够分泌出有毒的生物碱，美洲印第安人常常把这种生物碱涂抹在箭头上，因此科学家把这种剧毒树棘蛙称为箭毒蛙！目前，这种生物碱已经在医学领域得到应用。法国的森林里生活着另外一种漂亮的两栖动物——蝾螈。蝾螈的身上长着许多黄色和黑色的痣粒，它的毒性虽然没有箭毒蛙大，但是如果有捕猎者敢把蝾螈放到嘴里咀嚼，蝾螈一定会让他体会到说不出来的难受感觉……

# 酷爱红色的蜂鸟

公牛不能分辨色彩，它只要看到有物体在眼前移动便会冲过去。蜂鸟却恰恰相反，它能够清楚地看到红色，而且总是非常积极地寻找红色的物体，准确率还特别高呢！

## 蜂鸟奶瓶

蜂鸟主要分布在北美及南美地区，备受当地人民的喜爱。在北美的超市里，"蜂鸟奶瓶"是一种很常见的商品。人们把买来的"奶瓶"固定在花园里或者挂在阳台上，然后往里面倒入染成红颜色的糖水。一般说来，把"奶瓶"放好的当天，蜂鸟就会前来喝水。这种鸟儿的视力非常好，它能够非常清楚地看到红色的物体。蜂鸟之所以能立即飞向喂食器，是因为蜂鸟已经习惯找寻红色的花朵。花朵里含有丰富的花蜜，那是蜂鸟的主要食物。有时蜂鸟在甜美的食物里也会意外地发现一些小虫子。

献给你甜美的红花一朵，略表我心赤诚……

## 澳大利亚食蜜鸟

澳大利亚生长着一种瓶刷状的红色花朵，叫做红千层*。那里虽然没有蜂鸟，却有食蜜鸟*。喏，就是照片上的这种小鸟，它和蜂鸟做着相同的事情。有时，好几个种类的食蜜鸟会成群结队地聚集在同一片灌木丛中，顿时为那里增添了不少欢快的气氛！

## 紫外线的功劳……

我们知道，花朵只有受粉后才能结出种子。花朵鲜艳的颜色吸引着鸟、昆虫甚至蝙蝠等访客。昆虫可以看到人眼和大部分鸟类无法看到的紫外线。在昆虫眼里，花蜜、雄蕊和雌蕊所在的花朵中心的颜色要比花朵外围的颜色更鲜艳，而人眼却不能像昆虫那样看出花朵内外颜色的差异。昆虫被更加鲜艳的颜色吸引飞向花朵的中心区域，然后把雄蕊上的花粉传播到雌蕊上，这样就完成了授粉。

## 嗅觉也有可能起作用！

蝙蝠会在夜里探访花朵，这是因为有些花朵只在夜里开放，例如，非洲小狐蝠就会"夜访"猴面包树的白色大花。可以这样说，指引蝙蝠等翼手类动物饱餐一顿的并非视觉而是嗅觉，因为它们是靠嗅觉闻到香喷喷的晚餐的！

### 疑难词汇

红千层：澳大利亚的一种常见栽培植物，因形似瓶刷又被称作"洗瓶刷"。

食蜜鸟：一种以植物花蜜为食的鸟类。

# 夜色中的眼镜猴

夜里，森林中既没有手电筒又没有蜡烛，动物是怎样生活的呢？虽然森林里漆黑一片，但是许多动物仍然可以安闲地漫步、捕猎、在树上穿梭跳跃！这些在漆黑的夜里也能看得见的夜行动物被称作"夜视者"。那么，它们是如何看到事物的呢？

### 要有一双大眼睛！

其实，只需要一点点亮光就足够了。一缕月光，海水反射到云雾中的一丝丝光芒都能让"夜视者"看到事物。夜行鸟类及哺乳动物的眼睛要比昼行"弟兄们"的眼睛大得多，因为大眼睛可以接收到更多弱光。著名的"夜视者"猫头鹰视力异常敏锐，非洲小狐猴、眼镜猴、猫猴以及热带夜行小型哺乳动物的视力也都非常好。

### 夜行动物是怎么看到事物的？

某些夜行动物的视网膜后部长有一层薄膜状的物质，叫做"绒毡层"。月光到达眼球时穿过视网膜，首先刺激绒毡层；月光射入绒毡层后又被反射到视网膜，此时光线再一次穿过视网膜，又一次刺激到绒毡层。对于每一丝光线，动物的眼球都可接收两次以上的信号，某些动物的眼睛之所以能在夜里发光也是同样的道理。如果有人在夜里用强光照射我们的眼睛，我们恐怕会眼花缭乱、什么都看不见，因为人类的眼内没有绒毡层。此外，如果我们用闪光灯拍照，有时眼睛会被照成"红眼"，这是因为我们眼底视网膜上的毛细血管被拍了下来。

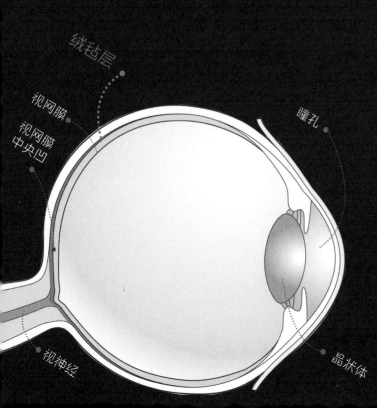

绒毡层

视网膜

视网膜中央凹

瞳孔

视神经

晶状体

## 耳朵的作用

有些动物，如**眼镜猴**（体长约15厘米，如果算上尾巴大约有35厘米，体重100克左右）不仅用自己的大眼睛在昏暗中寻找可食用的昆虫或者小蜥蜴，在觅食的过程中它的两只大耳朵也在起作用。休息时，眼镜猴紧闭双眼，两耳合拢，醒来后它就睁开眼睛，竖起耳朵，脑袋上好像插了两个卫星接收天线。猫头鹰跟眼镜猴类似，它们都依靠听觉在漆黑的夜里猎捕食物。

我喜欢眼镜猴！我们都是白天睡觉，晚上进食……

既然这样……，那好吧，你们聊吧，我可得睡去了……

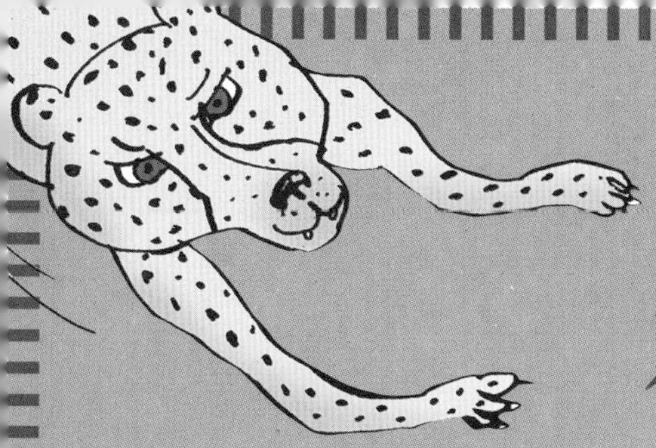

# 狩 猎

**快逃命啊！**

**其实……我比你渴多了！**

## 午睡的狮子

狮子根本不需要特意找地方午睡，它愿意在哪儿睡就在哪儿睡。狮子睡觉时，周围的羚羊和斑马都静悄悄的，没有动物敢往狮子身边凑。狮子睡醒后便会小心翼翼地埋伏在枯黄的草丛后面……羚羊和斑马这些吃草的家伙，几分钟前还很安静，一看到狮子便明显表现出烦躁与不安。正所谓，狮子悄然逼近，斑马顿时警觉。

## 喝一小口水的代价！

旱季里，动物常常很难找到水源。狮子常常会在水源附近安家，牢牢霸住这块宝地。植食动物为了不被渴死只好硬着头皮去喝水……不过，喝上一小口水恐怕就要付出生命的代价！你瞧，好几头狮子都在水边等着呢，他们正盘算着如何分享美味呢……

**有狮子！快跑啊！**

## 共享美食的狮子

狮子是群居动物，它们常常集体围猎以便捕获更多的猎物。围猎成功后，狮子会均分美食。几头成年狮子似乎已经事先商量好了猎捕行动，它们分别从不同方向出发同时逼近猎物，很难说哪头狮子是猎捕行动的总指挥。狮子一般会压低身体，匍匐前行，一点一点逼近那些美味。它们警惕地目视前方，一动不动地盯着猎物。猎物一抬头，它们就会停下来。猎手们正蓄势待发！耀眼的阳光下，空气里的血腥味道似乎越来越浓，倒计时开始：3，2，1，上！

## 加油，快跑啊！

狩猎时，狮子的听觉和嗅觉似乎起不了多大作用，但是斑马的听觉和嗅觉却可以帮助它们逃脱追捕。感觉风向急转，斑马就能察觉到有捕猎者逼近，猎物决定此刻逃命，那么是否幸存就要取决于逃跑的路线和狮子的位置了。尽管狮子的奔跑速度犹如闪电，但是斑马更有耐力，别忘了，它可是有名的长跑健将哦！逃命时最初的十几米会起决定性作用：如果斑马选择了错误的逃生方向，那么狮子在正确的轨道上便能一举抓获猎物，不过狮子有时也会一无所获。

## 猎豹

除了极特殊情况，猎豹捕食时基本上是孤军奋战。确切地说，它全天都在捕猎。在非洲东部，猎豹喜欢捕食汤姆逊羚羊一类的小猎物以及跑得快、耐力好却不知道躲藏的羚羊。猎豹会十分小心地靠近猎物，它们像鬼魅般时隐时现，直勾勾地盯着羊群。如果一头敏感的羚羊发现了猎豹，急于拔腿逃生的话，那么它就会第一个被捕食者发现，成为猎豹进攻的目标！离猎豹比较近但是按兵不动的羚羊却可能幸免于难。所以，隐藏在羚羊群中是一个最好的办法，过早展示自己的赛跑天赋可能没有什么好果子吃哦！

# 隼的眼睛

脊椎动物中目光最敏锐又最精准犀利的要属食肉类猛禽了，隼是其中的佼佼者。

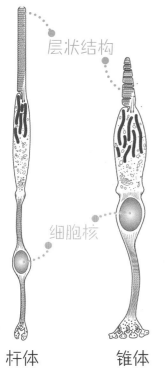

层状结构

细胞核

杆体　　锥体

## 杆体细胞和锥体细胞

隼两眼视力交叠区的视觉效果最佳。视网膜中心有一处地方叫做"视网膜中心凹"（如16页图示），那里视觉细胞众多，是视网膜上视觉最敏锐的部位。我们读书、看电影或者欣赏画作时，图像就被传到"视网膜中心凹"上。视网膜上的视觉细胞不尽相同，如中心凹附近有许多锥体细胞，而外围则密布着许多杆体细胞。白天，视锥细胞用于观察事物，辨别颜色；晚上，视杆细胞用于分辨物体大概的轮廓。昼行动物的中央凹分布着丰富的视锥细胞，而夜行动物的中央凹几乎只有视杆细胞。

有了这个巨型望远镜，我就是一头真正的猛禽啦!

## 聪明的夜行猛禽

猫头鹰和鸱鸮等夜行猛禽的脸比昼行猛禽的脸扁平，夜行猛禽双眼两侧的视力范围因此扩大了，但是它们的整体视力范围却因此缩小了。不过，夜行猛禽可以向两侧大幅转动头部，从而补偿了整体视野缩小的不足。猫头鹰可以不转动上半身就能够看到身后的事物。小朋友们可以试一试，看看你们能不能像猫头鹰那样只转动头部就能看到身后的情况?

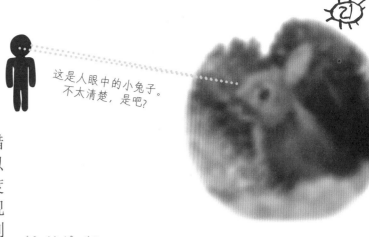

这是人眼中的小兔子。不太清楚，是吧?

## 隼的眼睛!

隼是高空捕猎者，它可以在空中以200千米/小时的速度向猎物俯冲下去。隼视力超群，否则它很难抓到鸽子和雨燕。隼的双目视野约为50°，它视网膜中的锥体细胞比其他任何脊椎动物视网膜中的锥体细胞都多。隼的每个视网膜都有两个中央凹，晶状体与视网膜之间的距离较大，这样就形成了一个放大系统，所以，隼的头上好似架设了一个高倍望远镜! 猛禽动物可以在距地面1.5千米处清楚地看到兔子，相比之下，人类在500米远处就只能看到模糊的轮廓了。猛禽动物看到的事物要比人眼看到的事物清晰6~8倍。

## 梳状突起

猛禽类的眼睛里有一种特殊结构——梳状突起，它能降低视细胞接收的光强，在保护视网膜的同时使视像变得更加清晰。

梳状突起

哎哟！该死的苍蝇进我眼睛里了。

# 看事物好的一面

与脊椎动物不同，昆虫和蜘蛛的眼睛是复眼，复眼由数万只"小眼"组成。

### 近视的昆虫

昆虫的头上除了两只大复眼外，还长有单眼*。单眼对光线敏感，能够感觉光线的强弱，它虽然看不到事物却能够指引昆虫飞向光源。

昆虫的幼虫一般只有能够感光的单眼，还没有长出复眼。研究表明，很少有昆虫可以看清一米以外的事物，因此，大多数昆虫都是近视眼。蜻蜓的视力虽然稍好一些，但是对于较远的事物，蜻蜓也是看不大清楚的。尽管如此，昆虫的眼睛却完可以满足它们的生活需求。例如，在池沼上方飞行的蜻蜓能够非常清楚地看到小虫；苍蝇特殊的眼睛结构有利于它及时避开苍蝇拍。

看来，苍蝇和蜻蜓都当过顾问呐！

## 点彩派大师

蜻蜓是昆虫猎捕专家。它的复眼约由10 000个小眼组成，远远超过一般昆虫复眼中小眼*的数量。蜻蜓的每个小眼都是一面透镜，能向大脑传送清晰的图像。如果想更好地体会蜻蜓的视觉特点，我们可以想象自己眼前正立着一块由数千个小屏幕堆叠而成的蜂巢状大屏幕，每个小屏幕上都显示着相同的物像，只不过角度略有不同。点彩派用大量的色彩斑点展现事物，点彩派大师保罗·西涅克（1863-1935）和乔治·修拉（1859-1891）的画作与蜻蜓眼中的物像有异曲同工之妙。

当蜻蜓欣赏美丽的花朵时，一朵花在它的眼中就变成了一大束花！

### 单眼

昆虫的单眼能够接收到远处持久而强烈的光线。我们知道，蜜蜂等昆虫会朝有光亮的地方飞，它们有时会把发光的电灯、灯泡当成日光或月光，这样它们飞过去后就可能烫伤翅膀。虽然太阳的温度要比电灯或者灯泡高得多，但是太阳毕竟在遥不可及的远处。小朋友，你看到过飞蛾在夜里绕着光源飞来飞去的情形吗？这回你知道飞蛾给光源甘当"卫星"的原因了吧。

### 长八只眼睛的蜘蛛

蜘蛛有八只大小不一、分散排列的单眼。蜘蛛主要依靠蜘蛛网捕猎食物。蜘蛛（如狼蛛）捕食时，几只最发达的眼睛向前看，紧紧盯住猎物，同时还有几只眼睛向后看，这样蜘蛛就拥有了非常广阔的视野，猎物几乎无法逃过它的眼睛。就连雄蜘蛛靠近雌蜘蛛时也都是小心翼翼的，否则很有可能被雌蜘蛛当做美餐误捕、误伤……

### 疑难词汇

**单眼：**昆虫能够分辨明暗的感光组织。

**小眼：**组成昆虫以及甲壳类动物复眼的功能单位。

饿死我了！哪里有屎啊？我一定要找到一坨屎！

# 紫外眼

## 树叶为什么是绿色的？

树叶之所以呈现为绿色，是因为人眼可以看到的可见光中色光大部分被树叶吸收了，只有绿光被反射回来。已经被物体吸收的光，人眼是看不到的，只有被物体反射的光，人眼才能够看到。一个物体的颜色其实就是它所接收到的白光中没有被该物体吸收的光色。

## 红隼……

今天，有科学家发现某些昆虫能够看到紫外线。这些昆虫应该有一个特殊的紫外线解读"软件"。当然，有些鸟类也能看到紫外线，如小型红隼。我们经常可以在法国的田野和牧场上空发现小型红隼的踪迹，在高速公路的坡地上空，偶尔也能看到红隼挥动翅膀在高空盘旋的身影。红隼在空中盘旋时，眼睛总是盯着地面，原来它是在搜寻草丛中水鼠或者水鼠的踪迹。由于水鼠粪便能够反射紫外光，只要发现水鼠粪便，红隼就离美味不远了……

## 不可见光

人类肉眼能够看到的光只是电磁波谱中极小的一部分，大部分光我们用肉眼是看不到的。例如，"红外线"就是一种不可见光。

## 聪明的蜜蜂

　　蜜蜂采蜜时会直接飞向花粉、花蜜所在的花朵中心区域，因为在蜜蜂眼中这一部分的颜色更加鲜艳或者颜色更深，花朵外围则相对较浅。花朵中心的雄蕊上有大量的花粉，蜜蜂采蜜时背部与雄蕊接触，粘上花粉，当它再去别的花朵采蜜时，背部与雌蕊接触就完成了授粉。

蜜蜂眼里的花朵

人类眼里的花朵

## 光线的构成

　　白光由7种基本色光构成，这便是雨过天晴太阳刚出来时，彩虹向我们展示的7种颜色：赤、橙、黄、绿、青、蓝、紫（这是彩虹从外到内的颜色排列顺序，注意别把顺序搞乱哦）。小朋友，别忘了，除了这7种基本色光外，还有许多其他色光。

## 不可见光

除红外线外，紫外线也是不可见光。当然，人类今天还知道其他许多不可见光……

# 大海深处的光亮

地球上有许多地方没有光，例如，幽暗的海底以及大海深处的洞穴里就是漆黑一片。生活在距海面10 000米远的动物能看清楚周围的事物吗？

## 黑暗的海底世界

太阳光一到达水面便会被逐渐吸收，不管海水有多么清澈，在距海面150米远的地方，99%的太阳光都会被吸收殆尽。在距海面200米远的地方，无论冬夏，几乎终年漆黑一片。不过，在距海面1 000米左右的海底有时也会出现些许光亮。太阳光到达海面后，首先被海水滤掉的是红外线，然后是红光、橙光和黄光。潜入水下一定距离后，我们看到的所有物体就都是绿色和蓝色的了。再往深处走，海水的颜色逐渐加深，到达海底时到处都是黑漆漆的。如果想在深海中看清事物，就必须自带光源。小朋友，你能告诉我为什么海底探测潜水艇（也有人把它叫做"海底观察船"）上都配有探照灯吗？哦，差点忘记告诉你，有些深海鱼类可以用一种独特的方式发光……

# 潜入海底

戴上潜水面罩，潜入美丽温热的潟湖中，让我们来感受一下水下的色彩吧！我们发现，大多数鱼类的鱼背颜色深，鱼腹颜色浅。如果我们戴着面罩在水下游，我们就不大容易发现脚下的鱼群，因为深色的鱼背使鱼儿与黑暗的大海融为一体；如果现在我们往深处游，潜到鱼群的下方，我们发现，鱼肚的白色又与鱼群背后照射入水面的太阳光融为一体，因此从这个角度我们也不大容易看清鱼类。而靠近海面生活的鱼类背部呈青蓝色，腹部呈银白色，这是鱼类适应生存环境的一种表现！许多生活在海下几百米深处的生物是透明的，很难被发现。再往深处走，这些透明的生物呈现红色，这是因为海水对蓝光吸收得少，所以，生物看起来就是黑色的了！不过，并非所有生物都呈现绝对的黑色，为了避免自己被发现，某些深海物种能够发出蓝色的微光，使自己与昏暗的环境融为一体。这些鱼类，实在是太狡猾了！

## 黑暗中的微光

专家认为，90%的深海物种能够发光，人们把这种现象叫做"生物发光现象"。这些物种会利用发光现象引诱猎物、吓唬捕食者、联络异性或者隐藏自己。生物体发光的器官叫做"发光器官"。大多数深海生物发出的是蓝光而且深海生物也可以看见蓝光。还有一些狡猾的小生物能发出并看见红光。它们既能为自己照明，同时又能不被别的生物发现，这样它们就可以对猎物发动突然袭击捕获美味了。

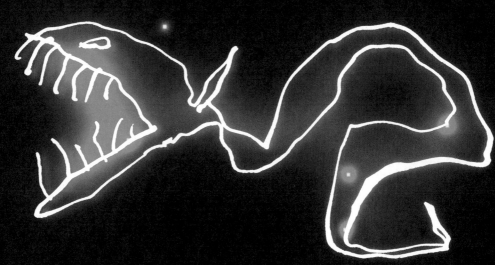

# 树丛中的星星点点

萤火虫是少有的能发光的陆生动物。如今，田野里的萤火虫已经越来越少了。

### 澳大利亚萤火蚋

在澳大利亚和新西兰生活着一种双翅目蝇类的幼虫，它们隐藏在潮湿的岩洞里，过着群体生活。萤火蚋能够分泌一种黏黏的细丝，夜里这细丝便会闪闪发光。周围的小飞虫循光而来，被黏在上面，就变成了萤火蚋的美餐。夜探萤火蚋洞穴时，人们看到萤火蚋身上发光的细丝不免啧啧称奇，因为人们发现那细丝竟然有好几米长呢！

## 神奇的萤火虫……

萤火虫虽然能发光，但它发出的光不是电光而是"冷光"，所以把萤火虫放在手心里既不会被电到也不会感觉有热量从萤火虫的身上散发出来，因为萤火虫发光依靠的是一种化学反应，并不散发热量。

### 会编码的萤火虫

我们平时所说的萤火虫主要指的是鞘翅目科（如金龟子等）的雌性萤火虫，它体长2厘米左右。萤火虫在夜间活动。雌性萤火虫发出的光可以吸引远处的雄性萤火虫。在非洲和美洲，其他品种的萤火虫也靠发出光亮的办法捕食或者吸引异性。雄性萤火虫在空中飞行时会按照自己家族特有的发光节奏发出闪光信号，看上去既像一群拿着手电筒的童子军，又像一列掌握着秘密飞行编码的飞行小队。当雌虫发现雄虫时，就会以同样的发光节奏给予回应。这样，雄虫就能找到雌虫与它们交配了。交配后，雌虫会模仿其他种类雌虫发出的闪光信号，回应在附近地区飞行的其他种类的雄虫。哎呀，不好，上当啦！上当的雄虫一落到雌虫身边，立刻就成了诱捕者口中的美食！看来，萤火虫真是一个危险的家伙，它竟然能利用发出的闪光诱捕猎物！

**清**晨，餐厅里飘着香甜可口的早餐味道；猪圈里随风飘来令人作呕的臭味儿；空气中弥漫着除臭剂和香水的味道……我们之所以能够感受到各种各样的味道，这是因为我们的嗅觉在起作用。

嗅 觉

我们知道，狗和昆虫的嗅觉异常灵敏，与它们相比，人类的鼻子就再普通不过了。小朋友，你知道动物相隔遥远时是如何感知气味的吗？原来，动物体内的某些部位，特别是香气腺，能够分泌出大量的腺液，即使动物不在同一个地方，这些腺液也可以帮助它们在很长一段时间内相互传递信息。同伴们用鼻子或触角解读这些信息，仔细辨别分泌物中所含分子的细微变化，进而识别个体，分辨雌雄、母幼和敌我。

### 动物始终都能闻出同类的气味吗？

# 画出自己的地盘

　　并不是所有人都会在自家门前的邮箱上写出自己的姓名，动物会用独特的方式向外界宣告："这是我的地盘"！

## 有气味的信标

　　麝猫（见33页上图）和石貂一样都是小型食肉哺乳动物，体重大约都在2千克左右。它们有在固定地点大小便的习惯。原来它们也有专用"卫生间"哦！动物的这些举动似乎有些怪异，但实际上它们是在用独特的方式确定自己的领地。无论在田野里、在树林中还是山岗上，它们都会用这种方式做标记。显然，这种标记与视觉和嗅觉有关。从这些地方经过，除非故意视而不见，否则一定会看到、闻到动物留下的记号。它们每天都会"巡视"自己的领地，在领地的边界上做好标记。动物常常会选择醒目的自然物作信标：如树桩、大石头等等，同时还要在附近撒下带气味的"名片"。

### 聪明的研究人员……

　　由于大多数哺乳动物用粪便做标记，于是，生物学家决定为动物建"人工厕所"，采集到动物的粪便后就可以对动物展开研究了。研究人员精心挑选了一些吸水性好的小草毡，把它们放在动物的必经之路上。动物发现这些草毡后，便会立刻趴到上面小便。把草毡回收后，生物学家就会对动物的荷尔蒙以及各种不同物质的含量进行测定。通过这些技术手段，研究人员就可以了解动物的健康状况了。你瞧，这是不是和我们到医院做检查有几分相像呢！

我对大便可不感兴趣……

## 多种多样的标记方法

动物在哪里做标记与它们的物种有关，例如，欧洲狍和某些非洲、亚洲羚羊会小心翼翼地在与头齐高的细枝上或者灌木上做标记，这是因为它们的内眼角能够分泌腺液，同类之间可以根据腺液相互传递信息。用我们人类的话说就是："各有各的道道"！

## 水獭的粪便

水獭是看家护院的好手。每只水獭都希望在自家门前的河流里沐浴、捕食。于是，水獭把从肛门腺排出的分泌物涂抹在河边的石头上或树上。水獭用这种带有鱼腥味的黏液性物质昭告远处的同类，"这里是我的地盘"。对水獭感兴趣的人首先会通过水獭的粪便寻找水獭，这些人甚至有办法能让水獭在他们指定的地方做标记：他们把其他水獭的粪便从别的地方弄来放在这只水獭的地盘上，这一举动让"领主"大发雷霆，它随即就会赶到，用自己的粪便压住那堆该死的外来粪便！

喂，站住，这是我的地盘！

# 带香味的动物

大自然里散发着各种各样的味道。你想过吗，当所有味道搅和在一起时，那会是一种什么味道？

### 香气腺

非洲大型麝猫和亚洲麝鹿是两种不同的哺乳动物，但是它们都长有非常发达的香气腺，这可给它们带来不少困扰！它们分泌的物质叫做动物麝香，动物麝香和人工合成的麝香截然不同。在香水制造业里，动物麝香是一种上乘的固着剂，价格昂贵。香水之所以闻起来香，是因为香水分子在不规则运动中跑到了人类的鼻腔里。如果香水挥发性太强，香气很快就会消散。因此，人们需要寻找一种固着剂减缓香水的挥发速度。显然，最理想的香水固着剂非麝猫和麝鹿分泌的动物麝香莫属了。

### 有"香味"的麝猫

非洲麝猫长得有点像黑白相间的大狗，最重的麝猫可达20千克左右。非洲麝猫是非洲和亚洲热带地区体型最大的麝猫品种。早在古代，特别是在非洲的埃塞俄比亚，人们就已经开始抓捕麝猫了。抓到麝猫后，人们会把它关进兽笼里喂养，然后每隔几天就用牛角形刮刀从麝猫的会阴腺*处取麝猫香。麝猫香虽然绝对天然，但是味道并不太好闻，还要对其进行稀释和调配。在香水制造业中，麝猫香有着很高的地位。据说萨巴岛女王会见所罗门群岛国王时，送给他的见面礼就是麝猫香！

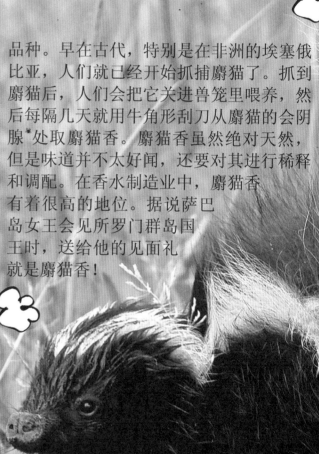

### 疑难词汇

会阴腺：位于麝猫肛门附近的会阴处。

### 放臭屁的臭鼬

　　北美小臭鼬穿着一身黑白相间的衣服，体重和猫差不多，只有几千克重。它们即使碰到大褐熊、狼或美洲狮等大型食肉动物也毫不畏惧。没错，要是谁敢来找茬儿，小臭鼬可不是吃素的！它会用"独门秘笈"沉着应对。只见小臭鼬把爪子使劲向前伸，露出了屁股，它晃动着长长的尾巴，把屁股对准了那不识趣的家伙，小臭鼬已经做好了充分的战斗准备！如果挑衅者不识好歹、继续执迷不悟，臭鼬就会对着它的嘴，从肛门腺喷出一股分泌物，那味道……别提有多难闻啦！先摆好姿势，然后再展开化学攻势。不知天高地厚、企图侵犯臭鼬的动物这回可惨了！

## 抹香鲸

　　在香水制造业中，除了动物麝香外，龙涎香也是一种十分珍贵的天然香料。人类的鼻子对这种香料十分敏感。其实，龙涎香并不是某种动物的气味腺分泌的，而是抹香鲸肠道里的分泌物。有很长一段时间，人们并不知道这种分泌物来自何处，不过现在已经真相大白了。抹香鲸喜欢猎捕巨乌贼为食。捕到猎物后，抹香鲸会把巨乌贼一口吞下，但是又消化不了巨乌贼的鹦嘴。抹香鲸的大肠壁由于受到鹦嘴的刺激产生了一种灰色、固态而且易碎的分泌物，这就是龙涎香。以前，有人发现抹香鲸搁浅在沙滩上，等抹香鲸死后把它捕回，人们就揭开了龙涎香出处的秘密。我们虽然不知道龙涎香对抹香鲸到底有什么好处，但是，我们可以在香水制造业中使用龙涎香！

"新技术"？？？
难度变大的嘛！

# 利用信息素吸引异性

蚕蛾会被同类释放的信息素吸引进而发狂吗？蚕蛾素的威力简直可以跟炸弹媲美！

### 蚕蛾的嗅觉

人类饲养家蚕的历史由来已久。早在古代，中国人就掌握了家蚕饲养技术，他们在毛虫变态期收获蚕丝，后来这种技术被传到了世界各地。蚕蛾素是人类较早发现的一种信息素。信息素是指动物个体为同类其他个体分泌的化学物质。这是一种有气味的信息，同类闻到后能够对其给予回应。

### 雄蛾寻找释放优质蚕蛾醇的雌体

雌蛾通过腹部的香腺分泌出一种叫做"蚕蛾醇"的分子。即使远在一千米外，雄蛾也会根据这种分子找到雌蛾。对于小昆虫来说，一千米可以算是长途跋涉了！雌蛾散发的气味随

不是"新技术"，
是信息素！！！

着空气飘飞，雄蛾的羽状触须是一种接收器，能够感受到这种信息素。感受到信息素后，雄蛾就会迎着风向按图索骥。雄蛾越向前飞，信息素的气味就越浓，雄蛾离雌蛾也就越来越近了。如此这般，即使只剩下最后一个蚕蛾醇分子，雄蛾也能找到雌蛾。在这方面，我们人类的鼻子可就不行了，我们只能感受到非常集中的分子凝聚物。

**每种蚕蛾都有自己独特的蚕蛾醇！**

生物学家试图通过人工合成的方法再造蚕蛾醇分子。如果成功，雄蛾就会飞向人造蚕蛾

醇，但是制造过程中出现的一点点差异都会大大减弱雄蛾的兴致。

雄蛾从来不会出错，它们不会被其他种类蚕蛾的信息素吸引，因为每种蚕蛾都有自己独特的蚕蛾醇。

雌蛾的触角明显比雄蛾的触角小，用途也不一样。雌蛾主要利用触角寻找最佳的产卵地点。它一般会选择离食物最近的地方产卵。对于家蚕蛾来说，桑树就是最好的选择！

# 蚂蚁的化学通道

蚂蚁可以成为一名合格的小化学家，因为它有一套化学家必需的装备。蚂蚁能够合成属于自己的分子微粒并将其涂抹在自己经过的小道上。这样，下次路过此地时，它就不会迷路了！

## 蚂蚁的嗅觉

蚂蚁嗅觉灵敏，它们能够依靠嗅觉在巢穴附近寻找猎物和食物。蚂蚁能够在身后留下一条化学通道，这样后面的蚂蚁就可以紧紧跟随探营先锋前进了，先锋归营时也能据此找到回去的路。这些小蚂蚁可真够聪明的！

## 摩擦生"道"

蚂蚁散发的气味主要来自于腹部末端的直肠腺、胸骨腺和杜氏腺。蚂蚁的种类不同，腺体的种类也不同。如果我们近距离观察蚂蚁，就会发现蚂蚁留下标记、制作通道的方法很特别，它们会用腹部摩擦地面行进，同时还会从嘴里吐出一些食物留在地面上，以此告诉同伴前方可能出现的食物源。沿着蚂蚁先锋开辟的道路，紧随其后的蚂蚁用它们的脑袋，尤其是触角感知这些气味，蚁群最终到达了目的地。

### 注意！千万别搞混啦！

研究蚂蚁的昆虫专家叫做"蚂蚁专家"。南美大食蚁兽以及非洲食蚁兽等食蚁动物被称作"食蚁专家"，也有人把爱护蚂蚁的人称作"爱蚁专家"！

## 蚂蚁家中奇怪的座上客

某些昆虫似乎能读懂蚂蚁的语言。它们能分泌一种蚂蚁特别喜欢的气味。蚂蚁实在太喜欢这味道了，于是就会主动邀请它们到蚁穴做客。这样，昆虫利用蚂蚁的弱点、使用欺骗手段成了蚂蚁的座上客，既能享受蚁穴温暖的环境又能分享蚂蚁的美食。还有一些昆虫甚至能模仿蚂蚁的姿势和舞步！

### 解码

如今，蚂蚁专家已经成功破解了好几种蚂蚁的化学语言。例如，蚂蚁专家发现，非洲织叶蚁找到食物后便会通过以下方式寻求帮助：首先，织叶蚁从直肠腺里分泌出一种有气味的物质，然后把它们涂抹在行进途中，接下来它们会晃着脑袋张开上颚，在食物周围转悠。不一会儿，几只工蚁就赶来了，它们负责把食物抬到蚁穴中储存起来。小朋友，你看，小蚂蚁正施展着曼妙的舞姿翩翩起舞呢！猜一猜它们想要表达什么意思！

# 溯河洄游的鲑鱼

勇士们，加油啊！！！

小朋友，你知道鲑鱼一生会走过怎样的生命之旅吗？鲑鱼的幼鱼在淡水中出生、发育，在那里生活一到三年后，鲑鱼会随着河水顺流而下进入大海。

## 鲑鱼的"奇妙之旅"

我们可以在格陵兰岛附近、挪威甚至波罗的海沿岸水域发现来自法国淡水流域的鲑鱼。在某个季节里，鲑鱼又会成群结队地向它们出生的淡水河流洄游。它们从海洋出发，重走幼年时走过的港湾、江河，一直回到它们出生地的溪流和产卵场*。科学家认为，鲑鱼之所以能够找到回家的路，是

救命啊！

因为鲑鱼能够识别水流的气味。从淡水游到海水可是一项十分耗费体力的运动，鲑鱼要想在不同的生存环境中存活下来，身体就得经受住一系列的考验。例如，鲑鱼的代谢系统以及体内压力系统都会随着环境不断发生改变。

## 鲑鱼洄游依靠嗅觉还是味觉？

动物在水中能闻到气味吗？还是只能尝出味道？鲑鱼在溯河洄游的整个过程中是靠鼻子辨别气味的吗？如果说嗅觉器官可以依赖稀释在空气中或水中的分子微粒辨别味道，那么鲑鱼的味觉器官则要靠与分子接触才能发挥作用。要知道，鱼是没有舌头的，鱼嘴里没有味蕾。鱼类的味觉接收器是一些丝状体，名为"口须"。大多数鱼的口须位于鱼唇上，有的长在鱼嘴周围，有的长在头前侧，还有的鱼甚至全身长满口须。

## 死亡之旅

在绝大多数情况下，溯河洄游对鲑鱼来说无疑是"死亡之旅"，因为即使它们能成功到达终点，也只有极少数鲑鱼能够存活下来。由于鲑鱼在洄游过程中全程不能进食，所以它们可能会因精力衰竭而死去。洄游过程中，鲑鱼的机体也会发生明显变化，如鲑鱼的体色会发生变化，雄鱼的下颌前端会向上弯曲。然而，鱼群还是

## 鱼的胡须

鱼类的口须是能够触知物体、敏感而柔软的丝状体，通常位于唇部四周。口须的惊人之处在于，它时而具有味觉功能，时而又具有触觉功能。六须鲇鱼的嘴上就有很多口须，不过人们常常把这些丝状体当成胡须。

会重新游回大海，在那里继续生长，然后再次展开新的旅程。不过，如今鲑鱼要想完成这趟生死攸关的旅行会遇到更多困难：无数河流已经断流，障碍物会阻断它们前行的道路，环境污染使水质发生了很大变化，人类所进行的大量捕捞活动使它们在繁殖前就被捕获了。如果鲑鱼身上的许多谜团尚未揭开，鲑鱼就灭绝了，那么对于我们人类来说这将是一大憾事！

### 疑难词汇

**产卵场**：通常位于浅水区，下面为砂砾底，该水区里水非常少。鲑鱼一般都在这里产卵。

味觉是食物在嘴巴里产生的一种感觉。人类有四种基本味觉：酸、甜、苦和咸。

# 味觉

长尾猕猴、苍头燕雀、壁虎、金鱼、螳螂、海葵等等是否也有这四种味觉，那可就不得而知了！这个世界上有我们喜欢吃的菜肴，我们可以吃得津津有味，也有我们不喜欢吃的菜肴，吃完让人反胃。近年来，有科学家提出人类具有第五种味觉，即"鲜"，在日语中就是"美味可口"的意思。一说到鲜味，就会让人想到某些调味品以及富含谷氨酸钠的食品，如酱油等。"鲜"在动物界中应该不是一种常见的味觉。

有一个问题需要思考，动物吃东西是为了填饱肚子呢，还是像我们人类一样，为了自我愉悦呢？

# 有毒植物

## 动物的口味

自然界中，动物能够依靠味觉使自己远离危险食物。人们发现，某些植物中含有有毒物质或者令动物感到不适的成分，这是植物为使自己免遭植食动物的伤害而进行的抗争。植物之所以长刺或者含毒就是不想让饥饿者把它吃掉！小朋友，你一定知道，兔子为什么愿意咀嚼一株光滑的鲜草，而不愿意咀嚼仙人掌了吧！

## 有毒还是无毒，这才是关键！

植食动物如何分辨有毒植物和无毒植物呢？开始，它可能要依靠味觉，然后是视觉，最后是嗅觉。令人奇怪的是，有些动物会吃掉有毒植物，因为它们体内有一种独特的消化系统，能够破坏毒分子*，并将其分解为无害、可消化的分子。这样就可以避免动物之间出现争抢食物的现象了。嗅觉也能帮助动物发现平时食用的食物是否变味，如果味道有变，那很可能就是变质了。口腔里感受味觉的舌乳头可以在食物被吞下之前，迅速将信号传到大脑，这样动物就有时间把它吐出来……虽然这种做法有些不太雅观，但是却能避免中毒。有些动物，比如马，它不会本能地吐东西，所以稍有不慎，就会中毒。

### 聪明的植物……

近来，有人发现，非洲的某些金合欢属植物在被食用之际能够分泌出许多令动物感到不适的物质。同一片小树丛里的植物能同时分泌这种物质，这样就能避免羚羊和长颈鹿经过树丛时咬光所有的树叶啦！这些植食动物在到达下一片小树丛之前，其实只能吃到几根枝桠上的树叶……

我吞下了一株奇怪的植物

# 致命的毒鼠

老鼠对新事物和味道不熟悉的食物总是持怀疑态度。如果用化学物质对付老鼠等动物，就要想办法欺骗这些动物，让它们放松警惕、不再戒备。这是一件十分棘手的事情，因为任何化学物质都很难只针对某一目标群体起作用，一定要想办法避免毒害野生动物而引起连锁反应。既然动物察觉不出毒药中含有任何异常的味觉信号，那么同一种毒药就会杀死食物链中的好几种动物。如果吃了有毒谷粒的水鼠成为狐狸的盘中餐，那么狐狸就很可能被毒死，如果苍鹰捕食了这只中毒的水鼠，那么苍鹰也会死掉……

## 有毒植物

自然界中，植食动物被有毒植物毒到的情况是很少见的，因为植食动物可以凭经验识别危险植物。然而，天气情况异常时，这些有毒植物可能会改变味道，使动物产生食欲*，动物会因食用这些改变了味道的有毒植物中毒。人类对有毒植物的认识由来已久，但是如果遇到无味的有毒植物，也可能判断失误。看来无论人类还是动物，食用无味的植物都可能中毒！

舌乳头

味蕾

我嘴里也是这样子的哦！

---

疑难词汇

**分子：**构成一切物质的基本成分。例如，水分子是水的最小单位。此外，人类还发现了构成水分子的原子。

**食欲：**看到某种食物，就有想吃的欲望，口水就会流出来。

# 好味道

能引起食欲的东西，味道就一定好吗？怎样正确选择食物？有时，必须要学会这个本领……

### 在加蓬森林里品尝水果

在加蓬的大森林里，髭长尾猴总是吃橘黄色的水果，不吃栗绿色的水果。选择食物时，颜色起到一定的作用，但是这并不是唯一的选择标准，还应该考虑到食物的味道！

**黑叶猴**

黑叶猴分布在亚洲。刚出生的小黑叶猴全身乳黄，9个月后，小黑叶猴全身乌黑，这时，它就步入了成年黑叶猴的行列了！

在森林里鉴别不同的水果，有一个简单的办法，那就是亲口尝一尝。我们的研究人员是非常贪恋美食的，瞧，他们就是这样做的！不过，他们的这种做法可把猴子弄蒙了，它们心里嘀咕着："我们什么时候邀请这些家伙到我们的'饭店'里品尝美食啦？他们怎么看到什么吃什么呢？"不过，对水果的味道做出判断并不是一件容易的事情，因为灵长目动物研究人员的味觉和髭长尾猴是不同的。如果按照实验室里的划分标准，研究人员最喜欢的几种口味的水果恐怕都要被划分到"酸味"这一类了，而且这酸味比水果店里出售的酸糖还要酸一点。

### 危险的巧克力

对于喜欢的食物，是想吃

## 小鼩鼱是美食吗？

小鼩鼱前爪和后爪之间的侧腹部上有一种腺体，它能够释放出一股麝香味。猫和狐狸很容易捕捉到鼩鼱，但却很少吃掉它们，因为它身上的那股味道实在是太难闻了，当然，闹饥荒时除外哦！一般说来，猫和狐狸总是抓到鼩鼱后才发现这家伙难以下咽。不过，猫头鹰和鸱鸮可不在乎，对它们来说鼩鼱可是美食。猫头鹰和鸱鸮等夜行食肉猛禽大概与猫和狐狸等陆生食肉动物的口味有所不同吧！

就吃还是按需选择呢？生活在赤道地区热带雨林中的动物应该多吃水果，因为这些水果可不是常年都有的。我们知道，大多数动物是不会储藏食物的，不过，松鼠可是储藏食物的高手啊！此外，并不是味道好的食物就都对身体有益。无论是人、长尾猴、狗还是蚂蚁，都需要摄取各种各样的营养成分。贪吃会使动物的味觉器官失灵。例如，有的狗主人发现狗爱吃甜食，于是就只喂它们吃甜食。但是我要告诉狗的主人不要给狗吃太多甜食。巧克力里的可可甚至会要了狗的命。一条猎獾犬吃掉300克巧克力后，就可能呕吐、腹泻、全身失调，甚至会死掉！

## 全面、平衡的膳食

在非洲的热带雨林里，一棵树可以在结果期*长满果子，但是这种情况不会持续太久。白天，猴子、犀鸟和野鸽子会食用果子，晚上，狐蝠和非洲小狐狸也会赶来吃果子，用不了几天，结出来的果子就会被统统吃光。吃光果子后，这些动物就会去吃别的食物，那些食物有另外的味道和营养。为了生存下去，动物必须适应多样化的食谱，这样一来，它们的膳食结构反倒比每天都食用同一种食物更加全面和平衡。

### 疑难词汇

**灵长目研究人员：**指专业研究灵长目类动物（猴子、狐猴、眼镜猴等）的研究人员。

**结果期：**一棵树结出果实的那段日子。

# 犁鼻器

品尝是一项识别分子或分子混合物的化学分析活动。我们之所以能够感受到甜点的甜味，那是因为我们的舌乳头感受到了大量有甜味的分子。

通外鼻孔

犁鼻器上的感觉细胞

犁鼻器

**犁鼻器**

蛇和蜥蜴的舌头是真正的分子接收器，蛇和蜥蜴口腔中的犁鼻器是一种化学感受器，对接收到的分子进行化学分析。许多脊椎动物的犁鼻器十分发达，但是，鳄鱼、鸟类和某些灵长目动物的犁鼻器已经逐渐退化。

犁鼻器是鼻腔前面的一对盲囊。一般说来，舌头将提取到的少量化学物质放入犁鼻器内进行感知分析。蛇和蜥蜴将舌头频繁伸出口腔外搜集空气中的各种分子，通过对这些分子的分析，它们就能够判断出发出气味的动物的种类。如果蛇或者蜥蜴探测出某一猎物的踪迹，就会对其进行追踪，最后美美地享用一顿绝佳的午餐。

## 聪明的品酒师

一家高档饭店里，正在举行一个丰盛的晚宴。酒务总管向贵宾们推荐品尝来自一家大葡萄种植园的葡萄酒。只见先生们灵活地扭动着口腔，看到这奇怪的动作，你难道不会想起点什么吗？他们这样做也许是要让人类已经退化的犁鼻器发挥作用！如果他们知道蛇和蜥蜴也是这样，哈哈……在常饮葡萄酒的人的体内，还是能够发现犁鼻器的"影子"的。某些人的这类器官、细胞或者神经末梢肯定会比其他人更发达，不过仅此而已……其次，还要有经验，再瞟上一眼酒的商标，就全都解决了！

我是世界上最优秀的酒务总管

## 蝰蛇的舌头

蝰蛇和响尾蛇都是毒蛇，它们的捕猎技巧十分高超。一般说来，蝰蛇和响尾蛇的猎物主要是小型啮齿动物。它们会在第一时间突袭猎物，然后用有毒的钩牙将一定剂量的毒液注入猎物体内。蛇会听任猎物逃脱，但是蛇毒很快就会奏效，猎物逃不出多远就会死去。这时，毒蛇用舌头探路追踪猎物，然后抓住猎物一口吞下！在树上或者海里捕食的毒蛇的毒液毒性更强，因为要想捕获在两个枝桠间短暂停留的会飞的猎物或者留连于珊瑚丛的鱼类，实在不是一件容易的事情。这类毒蛇的毒液可以立即生效……其实，这类蛇并不比别的蛇凶猛，只是它们不想空手而归，才不得不使用了剧毒毒液。

## 裂唇嗅

不同哺乳动物的犁鼻器作用不同。许多动物，尤其是雄性植食动物（如羚羊、马、斑马还有驴子等等）在寻找能够繁育后代的雌性同类时，能够非常精准地测定雌性同类的外激素的剂量。我们知道，某些动物的繁殖期非常短暂，动物的这种做法为繁殖下一代提供了保证。为避免出错，雄性动物会经常品尝雌体动物的尿液。雄性动物犁鼻器的开口位于口腔前侧，为了更好测定雌性动物尿液中荷尔蒙的含量，它们会将唇部后翻，脸部因此呈现扭曲状，科学家把这称作"裂唇嗅"。其实，雄性动物是在用舌尖把雌性动物的尿样送入犁鼻器的开口处。根据犁鼻器的分析，雄性动物心中就有数了。

## 科学小常识

"裂唇嗅"这一名词是研究外激素的德国科学家首次提出的。你瞧，下面这头高角羚正在做"裂唇嗅"的动作呢！

鸟语啾啾，鹿鸣呦呦，悦耳的曲调，蝙蝠发出的超声波，海豚发出的声呐信号，大象的次声波，狼的嚎叫……这一切都与听觉有关。

听觉

声音和耳朵或者说声音和受话器之间可以展开一种新的交流！即使在远处、即使互相看不见也能进行交流。唯一的缺点就是不能留下信息，一切转瞬即逝，要知道，大自然中是没有留声机的！人类的耳朵只能感受到极小部分的声音。蝙蝠、海豚以及某些昆虫的超声波比高音还要高，而大象能够听到的次声波比低音还要低。

下面就让我们侧耳细听……

# 声 频

耳朵越大，听力越好吗？千万不要把耳郭（例如，大象、兔子和某些蝙蝠的大耳朵）和听觉系统中的其他器官混为一谈。

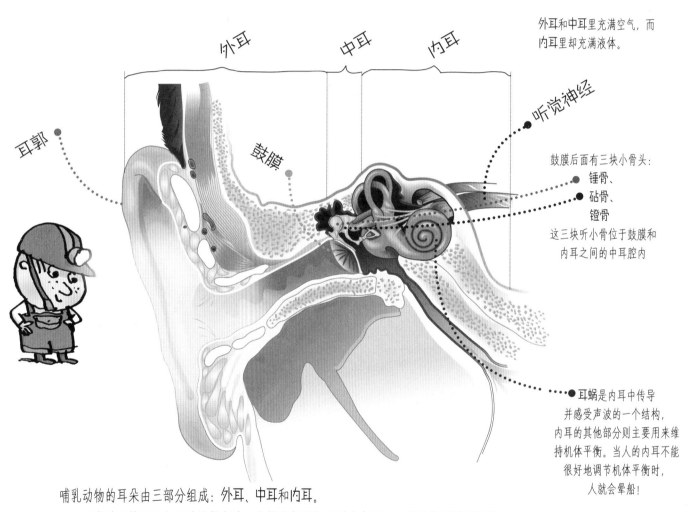

外耳和中耳里充满空气，而内耳里却充满液体。

外耳　　中耳　　内耳

听觉神经

耳郭

鼓膜

鼓膜后面有三块小骨头：
锤骨、
砧骨、
镫骨
这三块听小骨位于鼓膜和内耳之间的中耳腔内

耳蜗是内耳中传导并感受声波的一个结构，内耳的其他部分则主要用来维持机体平衡。当人的内耳不能很好地调节机体平衡时，人就会晕船！

哺乳动物的耳朵由三部分组成：外耳、中耳和内耳。

听觉神经将耳朵与大脑连接起来，这样我们就能听到声音了。人类的外耳始于耳郭，止于鼓膜。耳郭上有许多汗毛（某些动物耳郭上的汗毛要比人类更浓、更密！）

注释：

如果用上面这幅耳朵结构图描述脊椎动物、爬行动物、两栖动物以及鸟类的耳朵结构，未免有些大胆，因为上述动物的耳朵结构是不同的，这种不同不仅仅表现在有无耳郭上，还存在一些解剖学上的差异。无脊椎动物的听觉系统结构各异，它们的耳朵可以长在身体的任何部位，而且外形也和我们人类的耳朵完全不同。

## 什么是声音？

声音是一种空气运动，是构成空气的气体分子在传播中产生的振动。只要在头部上方快速转动一端系有绳子的木块，就能制造出声音来！

### 声频与强度

人类的耳朵能够听到比较大的声音（声音特别大时，可能会引起疼痛），也能听到某些沉闷的或者刺耳的声音。声音有不同的强度和频率：

- 声音的强度单位是分贝，记作dB，
- 声音的频率单位是赫兹，记作Hz。

如果对声音进行分析，情况可能更为复杂，但是分贝和赫兹是两个基本的单位。当声音频率超过人耳可以听到的声音上限时，我们把这种声音称作"超声波"，当声音频率低于人耳可以听到的声音下限时，我们把这种声音称作"次声波"。许多动物就是通过人耳无法听到的这些声音进行交流的，我们人类只有使用精密仪器才能够听到这些声音。

### 我们能听到的声音

人类能够听到的声频范围是16 Hz～20 000 Hz之间。儿童比成年人能够听到更高频率的声音，一般说来，成年人听不到16 000 Hz以上的声音。人耳能听到的低频音在16～300 Hz之间，次声波则低于16 Hz。人耳听得最清楚的声音频率介于1 000～4 000 Hz之间。当然，随着年龄的增长，情况会发生变化。

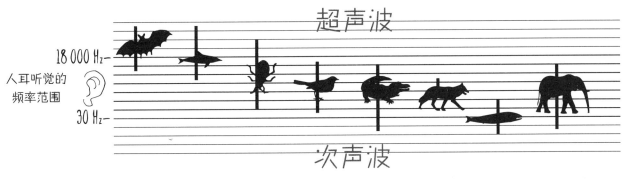

超声波

18 000 Hz—
人耳听觉的
频率范围
30 Hz—

次声波

# 蝉 的 叫 声

蝉是叫得最响也是听力最好的昆虫。蝉的鼓膜长在十分独特的部位上：腹部的两侧或者腿上。

接收超声信号的鼓膜

昆虫听到的音阶与人耳听到的音阶很可能有较大差别。例如，许多昆虫能够发出或者接收超声波。昆虫接收到的声频有利于它们辨别方向、交配或者躲避捕食者。一般说来，昆虫接收的声频与它们发出的声频一致。

喂，知道我的耳朵在哪里吗？？？

你知道我的耳朵在哪里吗？？？

## 蟋蟀的尖叫

蟋蟀是一种头大、触角长的小昆虫，它是蚱蜢（如下图）和蝗虫的"表亲"。蟋蟀的叫声大家都非常熟悉。我们把蟋蟀的叫声称作"尖鸣声"，这是从蟋蟀的第一对翅膀即"鞘翅"发出来的声音。"鞘翅"好似一组乐器，我们把这乐器叫做"鞘翅发音器"。蟋蟀的左右鞘翅相互摩擦，发出声调。雄蟋蟀在自己的小小巢穴前发出叫声吸引雌蟋蟀。

## 蝉短暂的一生

法国南部的村庄里有这样一群出色的"音乐家"，它们叫做"蝉"（见54页左上图）。蝉的生活方式与蟋蟀不同，成年蝉的寿命只有2～3个星期！雄蝉有一部完美的乐器，在这一点上蟋蟀可没法与之相比：雄蝉的发声器官差不多占据了整个腹部。雄蝉身上能够发出声音的部位叫做"鼓膜"，位于第一腹节的左右两侧。鼓膜是一种凸起并带有褶皱的板状物，与雄蝉体内十分发达的鼓膜肌紧紧相连。雄蝉有两块鼓膜肌，左右对称，呈"V"字形。鼓膜肌连续收缩振动鼓膜发出声音。

小伙子们，加油啊！奏一曲爵士乐！

# 大猫·小猫

# 呼噜噜

猫或者说猫科动物可以发出几种不同类型的声音，其中我们最为熟悉的是呼噜声和咆哮声。

ROOOOOR

### 温柔的呼噜声

呼噜声是猫科动物特有的发音特征。当雌性野生猫科动物与幼崽近距离接触时，它们都会发出十分微弱的呼噜声。豹妈妈、猫妈妈以及所有小猫都会发出呼噜声，这种声音音量低，音质平稳，平均频率约为25 Hz。猫科动物的呼噜声是横膈膜和喉肌相互振动产生的声音。如果猫打呼噜时闭着嘴巴，那么就只能感受到振动了，这种振动的频率与猫打呼噜的频率相同；如果猫打呼噜时张着嘴巴，即使在一米开外，猫妈妈和小猫仍能听见彼此发出的呼噜声。

## 舌骨

在猫科动物的喉咙中靠近喉头的位置上，有一块特殊的"H"形骨头，这就是"舌骨"。舌骨由数块小骨组成，相互之间有韧带\*相连。体型较大的猫与狮子、老虎、豹一样都能发出咆哮声，它们舌骨上的小骨头之间都有韧带相连。大型猫科动物正是因为长有这种舌骨、体形庞大而且体格强壮才能够发出咆哮声。体型小的猫长有粘连在一起的舌小骨，也许正是因为如此，它们才发出微弱的呼噜声。

### 有力的咆哮声

与呼噜声相反，咆哮声是大型猫科动物特有的一种远距离交流方式。在非洲大草原上，若环境允许，狮子的咆哮声可以传出好几千米远。狮子发出咆哮声的目的很明确，它要告诉周围其他的狮群，自己正与伙伴安稳地生活在自己的地盘上，不欢迎其他任何狮群前来打扰。狮子一般先发出一声咆哮，然后是犹如雷声的低沉噪叫，最后是一连串的咕噜声，狮吼就此结束。整个狮吼过程可持续40多秒钟，同时还夹杂着许多声响。漆黑的夜晚，如果有人住在离狮群不远的帐篷里，会觉得狮子咆哮的时间非常长……

### 疑难词汇

**韧带**：是一种致密的结缔组织，可弯曲，可连接骨关节的各个部分。

# 用耳朵"看世界"

　　紫外线和红外线都是人眼看不到的光线，所以我们很难想象它们的样子。同样，超声波是人耳听不到的声波，我们也想象不出它到底是一种什么样的声音。然而，许多动物，例如蝙蝠，却在利用我们听不见的超声波进行交流。

## 偶然之中的意外发现……

　　1938年，在美国的一家研究中心里，人类首次捕捉到了蝙蝠发出的声音。该研究中心的皮尔士教授发明了一台能够录制超声波的磁带录音机。一天，一个名叫唐纳德·格里芬的大学生在将麦克风插到这台磁带录音机上时，发现"有东西"突然被录了进去。当时，他正站在一个笼子前，里面关着不少蝙蝠。他录进去的竟然是蝙蝠发出的声音！人耳可以听到蝙蝠发出的最低频率的声音，但是蝙蝠发出的大部分声音人耳是听不到的。不同种类的蝙蝠发出的声频大约为100 000～120 000 Hz不等。

### 追踪声呐

　　食虫蝙蝠长约10厘米，重40～70克。它们利用声呐系统在夜间飞行、猎捕食物。食虫蝙蝠在飞行时发出超声波，超声波如果遇到障碍物便会像回声一样反射回来。为了防止耳朵被嘴和鼻子发出的超声震聋，食虫蝙蝠会堵上自己的耳朵。

真是不可思议，
不同种类的蝙蝠竟然
能够通过嘴或鼻子
发出超声波！

　　蝙蝠根据耳朵接收到的声波回声可以分辨出哪个是静止的物体（例如大树），哪个是移动的飞蛾。两只耳朵接收到的回声差可以使蝙蝠判断出猎物的位置，甚至还能猜出猎物的种类！

### 狡猾的蝴蝶

蝴蝶有时能够听到蝙蝠发出的超声，这样就可以避开它们。蝴蝶可以采取如下几种"躲避策略"：有的蝴蝶可以使自己像没有生气的物体一样自然坠落，躲在植物丛中；有的蝴蝶的身体表层有磷粉，能够吸收声音，这样就不会产生回声，就不会有声纳图像传回到蝙蝠的耳朵里；也有些蝴蝶能够发出非常刺耳的声音，会把追赶它们的蝙蝠弄得狼狈不堪。

超声波

18 000 Hz —
人耳能够听到的声频范围
30 Hz —

次声波

## 探测超声波

夏日的夜晚，我们头顶上的夜空热闹异常！如果不使用超声波探测仪，我们可能什么都听不到。超声波探测仪是一台记录信号并能把它们转变为人耳可以听到的声音的小型仪器。最完善的超声波探测仪甚至能够分辨出蝙蝠的种类。对蝙蝠研究专家来说，这种探测仪非常有用，因为通过蝙蝠的叫声鉴别蝙蝠的种类要比通过外形鉴别精准得多。要知道，法国有30多种蝙蝠啊……

尤其是在漆黑的夜里，所有的蝙蝠都是黑乎乎的一大片！

# 神秘莫测的次声波

如果我们站在大象前面，即使我们不明白大象要表达什么具体的意思，我们也能清楚地感受到大象与同伴之间正在进行着远距离的信息传送。

### 立体听觉

动物根据两只耳朵听到的音差可以判断出声源的位置，判断出它是静止还是移动的，是在走近自己还是远离自己……当动物寻找晚餐或者避免自己沦为别的动物的猎物时，拥有立体听觉就会起到非常大的作用。

### 两耳间距

东亚家蝠重5克左右，两只耳朵间距不足1厘米，而大象的两只耳朵间距达1米左右。如果大象的一只耳朵发出和接收超声波，那么另一只耳朵就会发出和接收次声波。实际上，声频的波长与动物的体积有关，同时它还能使每种动物获得与其生活环境相适应的声音感知能力。家蝠对次声波的敏感使它能够近距离（如几毫米远）探测物体，家蝠能够立即发现在自己脸前

哦，我感觉到了！

## 感受身体里的次声波

次声波与声频更高的声音相比具有这样一个特性：通过次声波的波压，人可以用身体感受到次声波，就像人感受某些音乐中非常低沉的声音一样。长期以来，在大草原和热带森林中，几种非常常见的节奏一直在奏响。在一幢楼房里，当楼上一层或者好几层的邻居开摇滚晚会时，楼下的人如果把耳朵贴在墙上，就能够非常清楚地听到低音吉他的旋律和吉他演奏时击弦的节奏，如果把手放在墙壁上，甚至还能感受到声音的振动，但是却听不见歌手唱出的高音以及吉他独奏。

好了，好了，我听到了！！！我耳朵里可没塞香蕉！

飞舞的小飞虫。相反，大象发出的次声波能够传到几千米外的地方，换句话说，几千米以外的大象能够对发出次声波的同类进行定位。

超声波

18 000 Hz

30 Hz

次声波

沼泽地里的味道可不好闻啊!

# 蟾蜍的歌声

有青蛙和小树蛙参加的音乐会一定非常热闹……过去，无论在城市还是乡村，春日的夜晚我们到处都能听到蛙鸣阵阵。今天，水塘绕民宅的场景已经变成了一种回忆，一个时代的回忆。

## 科学小常识

两栖动物种类繁多，有青蛙、欧洲树蛙、蟾蜍等等。注意，青蛙和蟾蜍可不是一个品种！它们之间的差别还不小呢！蟾蜍身上长满了大大小小的疙瘩，眼睛后面长着一个明显的腺体——"腮腺"；青蛙皮肤光滑，没有腮腺。雄青蛙通过头两侧的声囊发出声音，蟾蜍则用喉咙发出声音。青蛙生活在水里，是个跳跃能手；蟾蜍却不怎么喜欢水也不善跳跃，它只会一蹦一蹦！

声囊

青蛙、欧洲树蛙还有蟾蜍这样的两栖类动物很可能是最早用声音进行交流的陆生脊椎动物，几百万年后鸟类才出现……这些两栖动物今天仍然在用同样的方式交换信息！雄青蛙有两个能发声的声囊，它在求偶时会鼓起声囊炫耀自己的声音，以此吸引异性。某些雄青蛙的头两侧各有一个定位声囊，当青蛙间彼此召唤时，声囊就会伸出来。而雄树蛙互相召唤时则会鼓起喉咙，看起来就像一个快要爆炸的皮球！

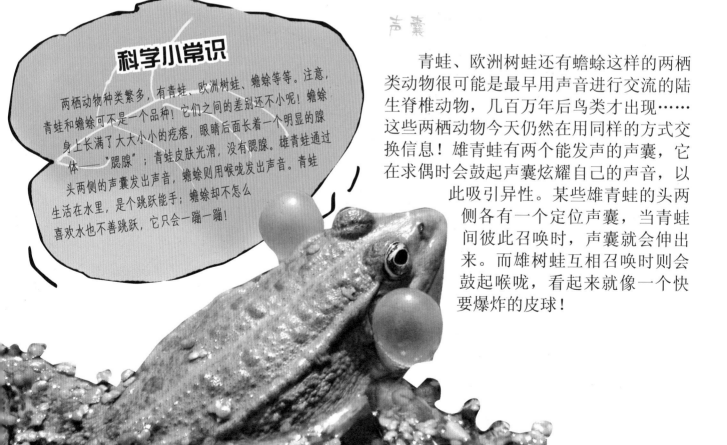

## 小心，危险！

小树蛙在亚洲被称作林蛙，它们可以连续发出一系列离散的音符，这样它们的天敌就很难为它们定位，它们也因此可以避开危险。当整片叫声快结束时，如果能够清楚地听到最后两三个音符，那么我们就能够判断出"歌唱家"林蛙正躲在一个小树枝下。如果想看到林蛙，一定要在整段"歌声"快结束时集中精力，顺着那个方向就能够找到林蛙了。

### 唱歌的青蛙有危险

潮湿的热带地区生活着许多青蛙、蟾蜍、树蛙以及其他蛙类。它们喜欢潮湿，在湿润的环境中备感惬意。雨天里、傍晚时分，水塘和池沼里到处回响着它们的叫声。当一只圆圆胖胖的小青蛙在池塘边声嘶力竭地唱歌吸引异性时，它可就危险了，因为夜里很多食蛙者正在水塘和池沼附近转来转去寻找食物呢！

### 蟾蜍与青蛙

雌性动物对同类雄性动物的叫声非常敏感。虽然人类很难用肉眼分辨出鸟类和蝙蝠的雌雄，但是我们却可以通过它们发出的声音对其进行识别。有时，我们需要借助仪器识别动物的声音……不过青蛙不需要！雌蛙受雄蛙歌声的吸引来到池塘边，雄蛙正在等候它的到来。一看到雌蛙，雄蛙会迫不及待地爬到雌蛙的脊背上。也许性子太急，也许视力太差，雄蛙甚至有可能把旁边游动的雄蛙当成雌蛙。被压在下面的雄蛙会强烈反抗，以避免类似事情再次发生。动物有时也会搞错对象：有人就看到过一只蟾蜍缠住了一只青蛙！小朋友，你知道吗，蟾蜍和青蛙可不是同类啊！

哥们，先把你那过时的发型理一理再出来召唤女生吧！

### 聪明的小青蛙

在南美洲的热带雨林里，有一些专门捕食青蛙的蝙蝠。这些蝙蝠能够从外表识别出哪些青蛙有毒、哪些青蛙肥美。小青蛙会有规律地改变声音节奏以及声音的复杂程度，尽量躲开蝙蝠。一般说来，雌蛙更喜欢会唱高难度曲调的雄蛙，蝙蝠也跟雌蛙有同样的爱好！看来，胖胖的热带小青蛙的日子也不是太好过啊！

# 鲸和海豚的歌声

小朋友们，下面给大家5秒钟时间，

你能找出蝙蝠和鲸的共同点吗？

**答案在水下**

所谓以蝙蝠和鲸为例，海洋动物远远比陆地上的动物更为丰富，它确实从它们发出的声音有一种捕鱼的声音引起了水面上飞翔的海鸥，它们迅速又和海中的鱼群来回头去寻找食物。"其实，海豚发出的声音和蝙蝠发出的声音一样都是靠声波来定位！

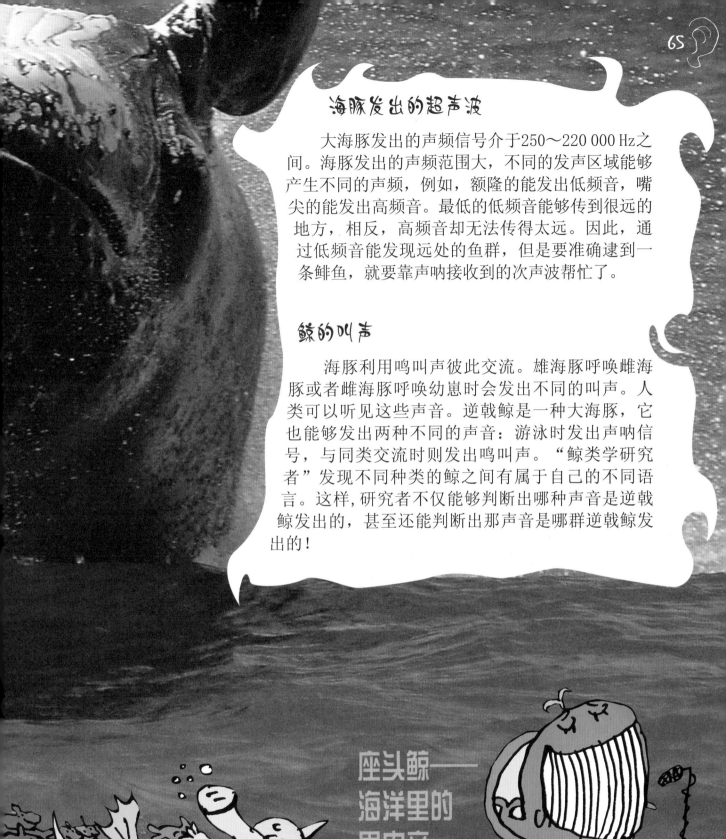

### 海豚发出的超声波

大海豚发出的声频信号介于250～220 000 Hz之间。海豚发出的声频范围大，不同的发声区域能够产生不同的声频，例如，额隆的能发出低频音，嘴尖的能发出高频音。最低的低频音能够传到很远的地方，相反，高频音却无法传得太远。因此，通过低频音能发现远处的鱼群，但是要准确逮到一条鲱鱼，就要靠声呐接收到的次声波帮忙了。

### 鲸的叫声

海豚利用鸣叫声彼此交流。雄海豚呼唤雌海豚或者雌海豚呼唤幼崽时会发出不同的叫声。人类可以听见这些声音。逆戟鲸是一种大海豚，它也能够发出两种不同的声音：游泳时发出声呐信号，与同类交流时则发出鸣叫声。"鲸类学研究者"发现不同种类的鲸之间有属于自己的不同语言。这样，研究者不仅能够判断出哪种声音是逆戟鲸发出的，甚至还能判断出那声音是哪群逆戟鲸发出的！

座头鲸——
海洋里的
男中音

座头鲸因能够唱出优美的旋律而闻名。雄性座头鲸可以数小时不间断地呼唤雌性，吸引它们来到繁殖区。蓝鲸或者说鳁鲸，与普通鳁鲸一样，可以从海洋的一头向另一头发出低音，3 000千米以外的同类都能够听见它的呼唤！

# 狼，你在哪里？请回答！

如果你想知道身边是否有狼，方法很简单：只需要在晚上到森林深处喊一声就可以了！如果有狼，它们就会回应你……不过，这可不是开玩笑的！但是，这的确是一种研究狼的手段，尽管有时候它们也会拒绝回应……

## 森林深处的狼嚎

对野生动物感兴趣的自然学家认为，狼的嚎叫声是人类能够听到的、给人留下最深刻印象的叫声。狼还可以根据周围的环境发出其他声音，如呻吟声、尖叫声、犬吠声、低沉的嗥叫声，但是这些声音都不像狼嚎那样能够给人的耳朵和精神带来双重的震撼。

## 狼，你在哪里？请回答！

狼是群居动物，它们需要拥有大面积的领地以便抓捕足够的猎物，用以满足狼群中所有个体的需要。因此，狼群一般会在森林里占据100～2 000平方千米的领地。在北极地区，狼群活动的范围特别大。狼用有气味的记号（如粪便）在

嘿，那不是在狼群里长大的狼孩莫格里吗？

没错！不过，我认为，这些狼可不是什么善良的家伙！

## 疑难词汇

**泛音**：在乐器上演奏音阶逐渐递增的la音可以产生"泛音"。纯正的音域中没有泛音。乐器和声音产生的泛音数量能够决定音色。

# 独特的音色

狼群中，每只狼都有自己的专属音色。根据音色可以区分不同的发声体，例如，讲述同一事情的两种不同的噪音、演奏同一曲调的两种乐器等等。小提琴奏出的la音不同于单簧管吹出的la音，这两种乐器具有不同的泛音。根据泛音可以区别不同的音色。

边界处立下信标，狼群嚎叫是为了确认它们的地盘。为了让邻近的狼群听见它们的声音并理解其中的含义，包括幼狼在内的整个狼群都会嚎叫，那声音可传到几十万米外。

## 狼会迷路吗？

狼在参加完猎捕食物行动后有可能迷失方向，但是它能够通过狼群中其他成员发出的嚎叫声归队。猎捕之前狼发出嚎叫声通常是为了彼此间相互鼓励，之后发出的嚎叫声则是在相互道喜！

## 和谐的狼嚎

狼有时发出嚎叫是为了分享一个美好的时刻。它们会齐声发出一种非常和谐的声音。当狼听到人类模仿它们发出叫声时，狼群会予以回应，人们弄不明白狼这样做是为了捍卫它们的领地呢，还是为了回应人类以便形成一种和声呢，抑或仅仅是为了在人类苍白无力的模仿声后听一声真正的狼嚎呢，总之，我们不得而知。

# "大号" 蝙蝠

## 锤头果蝠

　　"锤头果蝠"是非洲最大的蝙蝠（长约25厘米，重250～450克）。这是一个与众不同的物种。它的名字就够让人诧异的了！此外，雄兽比雌兽大两倍，长着奇怪的脑袋，有点像锤子形状，这"锤头"已经转化为实实在在的风动工具了。"锤头果蝠"的脑袋上长着一些充气囊，位于鼻子和脖子两侧，它的"唇"也好似改装过，可以唱出声音来。"锤头果蝠"的喉部很发达，能够挤压并靠近胸部、心脏、肺部和横膈膜等器官。在任何无障碍的空间里，都响彻着另类的"大号声"，这声音可传出10千米远！

## 大号齐鸣

　　据说，锤头果蝠会组织一些集体活动，它会找来同一棵树上的所有雄兽，一起练声，其目的仅仅是为了吸引异性！

## 狐蝠

狐蝠是一种奇怪的蝙蝠。它没有声呐系统，通常住在大树上，吃熟透了的果子、花蜜或花粉。它们的嗅觉很发达，眼睛非常大，也许它们是要利用这两只眼睛在夜晚找食物吧。白天它们群居在树上，这些大树就是它们的"营地"。白天它们什么都不做，只是呼呼大睡，不过有时它们会在营地里排泄，有时也会从一个树枝飞到另一个树枝去探望一下"朋友"，当它们感到热时，尤其是叫喊时，就会扇动翅膀，让空气流通流通！狐蝠非常喜欢生活在热闹的环境中，它们喜欢把自己的营地选在靠近瀑布的大树上、村庄的中心以及最热闹的中心广场的大树上……难道安静的环境会让它们感到不安吗?

天气太凉时，锤头果蝠便会停止歌唱，不过，若晚上气温适中，它们又会不断唱歌。最受雌兽欣赏的雄兽会站在合唱队的中心位置。雌兽在歌手的头上飞来飞去，选出它认为唱得最好的那一位。人类能够听到这些歌声，不过，最好不要住在离这种歌声太近的地方，除非你是一个十分喜欢在夜间听大号齐鸣的人！

# 大声唱

要听见声音，首先得有地方能够发出声音。为了发出声音，哺乳动物的喉管内都长有声带。

## 喉管和鸣管

鸟类能唱歌是因为有"鸣管"，鸣管位于胸腔下侧，在气管与支气管的交界处，支气管从这里通向肺部。鸟类的发声系统要比哺乳动物的发声系统复杂很多，尽管两者的发生原理是一样的：在机体内几对软骨的作用下，鸣膜在气流中振动并发声。有好多鸟甚至能同时唱出两种旋律。

气管

鸣肌

外鸣膜

内鸣膜

支气管

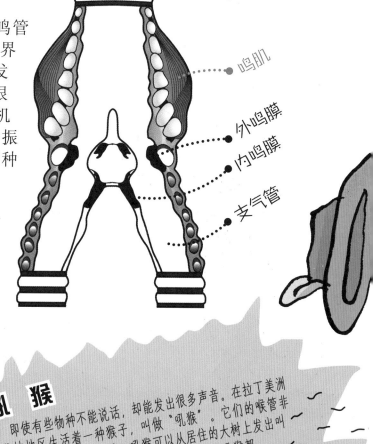

### 吼猴

即使有些物种不能说话，却能发出很多声音。在拉丁美洲的丛林地区生活着一种猴子，叫做"吼猴"。它们的喉管非常发达，能形成共鸣板。因此，吼猴可以从居住的大树上发出叫声。由于每个"家庭"都会捍卫自己的领地，所以每只吼猴都有其固定的位置，不会跨进别的吼猴的地盘。亚洲热带地区的长臂猿也是如此。长臂猿中体型最大的合趾猴同样也具备超级发达的喉咙，这就保证它的声音能够传到很远的地方。"清晨合唱队"里，我们常常可以看到成年猴子在大声歌唱，它们一定是在祝愿自己拥有美好的一天吧！

## 为什么鸟儿要歌唱?

　　所有鸟都"唱歌"!从音乐角度讲,这是一种复杂的现象。鸟儿的歌声与我们人类的歌声完全不同,那是一种集音频、音量、音色、时值、节奏编排以及旋律编排于一体的音乐。鸟儿每秒能唱出几十个音符,可以同时发出好几个音符并有区别的把它们唱出来。为什么要把这些曲子都唱出来呢!不仅仅是为了开心吧!鸟儿通过演唱这些曲子也是为了确定自己的所有权,发生侵犯领土行为时,鸟儿会以此示威,或者说这就是某种程度的军事示威行动。有时,也是为了吸引异性,有些种类的鸟儿还能唱出精彩的二重唱呢!

## 要教狗学说话吗?

　　尽管哺乳动物不会讲话,但它们还是能听懂一些声音以及一些疑难词语的。因此,教狗学习字母是一件毫无意义的行为,狗经常能听懂一些词,尤其能听懂有关的语调。同样,我们完全没必要期盼一只黑猩猩会对一场橄榄球赛做实况转播,因为它的声带无法发出清晰的音节。

### 人类的声带

　　我们的声带结构要比哺乳动物发达。人类的声带位于气管上方和喉前庭的中间部位,气流振动声带可以发出声音。人类能精准地控制声带的运动,发出声音、讲话和说不同的语言。

**感**受温柔的抚摸、感知冷热甚至疼痛都要依靠触觉。

触觉

　　人的触觉器官遍布全身，其中脸、嘴唇、手等部位较为敏感。触觉主要是指接受外部刺激的感觉。人与人之间握手或拥抱时会产生触觉，动物之间相互触碰或者梳理毛发可以使彼此得到安慰或者产生惬意的感觉。水使水生动物感受到更强的压力，因此水生动物的触觉比陆生动物的触觉更加敏感，它们不需要直接的身体接触就可以在一定距离外感受到来自外界的刺激……对我们人类来说，不触碰远处的物体就能感受到它的刺激，这简直不可思议！有些厉害的鱼类，如鲨鱼或电鳗等甚至还长出了能够放电的器官！

该死的家伙，竟然使用电击！

# 用触须"看"世界

### 触须

夜里，猫即使在十分拥挤的地方走动也不会发生磕碰。当然，这跟猫的视力好不无关系，但是，最主要的原因还在于猫拥有适于夜行的触觉器官。猫的被毛上长着长度超过皮毛的长毛，它们规则地分布在体表上。这些长毛的底部有许多神经末端，能感受到最微弱的外部接触。小朋友们一定知道猫的嘴部、脸部和眼睛上方都长着长长的毛，我们把这些非常坚硬的毛叫做"触须"。

### 当心!

**千万不要被狮子舔啦!**

如果你被小猫咪舔过，那么你就可以设想一下被狮子舔过的感觉。猫科动物的舌头上布满角质化的倒刺，不但非常坚硬而且异常粗糙。如果狮子用舌头舔一下人的皮肤，人马上就会血流如注! 狮子甚至能用舌头把捕获的猎物舔得开膛破肚。狮子有时享受完大餐后还会互相梳理黏上残渣的皮毛。不过狮子之间互舔皮毛是不会流血的，因为它们的皮肤要比我们人类的皮肤厚得多，而且它们的被毛也十分浓密。

### 触须——有感觉的头盔

当猫试探着走动或靠近猎物时，触须便会转向前方和外侧。如果路上有障碍物，这种"有感觉的头盔"便会第一时间提醒它掉头离开。同时，触须还会避免危险的东西落入眼睛里。猫只有在捕食的时候才会集中精力，因为它深信"头盔"能使它避开所有危险。触须还能帮助猫辨别方向，这样它就能成功溜进狭窄的过道里。如果猫被卡在过道中间，那是要被老鼠笑话死的!

**开始进攻！**

即使闭着眼睛，只要有触须，猫和猫科动物就能够在捕食时准确地抓住猎物！猫"胡子"的神经末梢能够使它准确判断出老鼠的位置。这样猫就能一口咬住猎物，而且不会撞到眼睛。

# 朋友间的 亲密相拥

## 动物世界面面观

　　大家知道，触觉对动物来说非常重要。小朋友你知道吗，抚摸马儿能使马儿心情愉快。人骑在马背上很容易摸到马的颈部，所以人常常会抚摸马的这个部位。其实，野马休息时，也会两两之间不断地用牙齿相互轻擦对方的颈部。某些动物行为学研究专家（即研究动物行为的专家）曾做过这样的实验：他们在马身上安放了一些小仪器，这些仪器可以根据马的活动测量它的血压和其他参数。当人类抚摸马儿颈部时，相关数据就能够显示出马感觉很舒服。另外，当马非常劳累和狂躁不安时，抚摸能使它慢慢平静下来并降低血压，仿佛把它带到了牧草鲜美的大草原里！

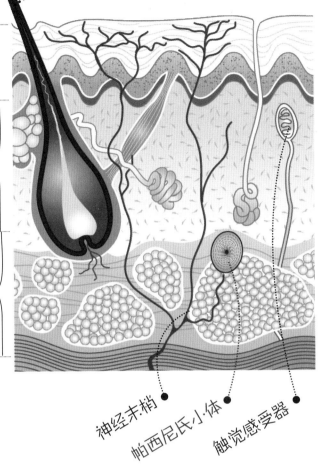

触须

表皮组织
真皮组织
皮下组织

神经末梢
帕西尼氏小体
触觉感受器

**帕西尼氏小体**

捡拾精致的物体而不把它弄碎。美洲猴能用尾巴把自己吊起来，露出下肢裸露的皮肤。它长长的尾巴不仅是一根安全带，还是它的第五只手，能灵活抓取食物，其中吼猴、蜘蛛猴、绒毛猴的尾巴更是它们生活的好帮手。浣熊是一种小型美洲食肉动物，它以青蛙、各类幼虫、小鱼和螯虾为食。浣熊的爪子上有大量的神经末梢，当它在河边抓鱼时，只要用爪子碰触食物就可以判断出这鱼是否可以食用。不过，在捕捉螯虾时，浣熊的爪子恐怕就得遭殃啦！

和其他感觉信号一样，神经末梢把接收到的触觉信号传递给大脑，然后大脑将对这些信号进行分析。温柔的抚摸、凶狠的耳光和强烈的撞击会产生不同的触觉信号，然而这些信号传递到大脑的途径都是一致的……触觉的独特之处就在于，触觉感受器遍布全身。人体的触觉感受器由帕西尼氏小体\*、感应接收器以及对疼痛敏感的神经末梢组成。这些触觉感受器遍布皮肤表面，敏感度由其中包含的神经末梢数量决定。例如，大象的鼻尖十分敏感，它无所不能，甚至可以

**疑难词汇**

**帕西尼氏小体：**是由皮肤深处皮下组织中的神经末梢形成的压力感受器。只要压力存在，它就能感受得到并向大脑传递信号。

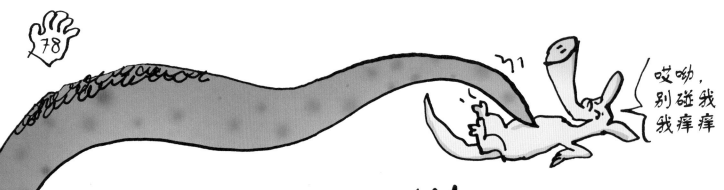

哎哟，别碰我我痒痒

# 触手的抚摸

### 可怕的触手

　　海葵是锚靠在海底固定物体上的生物，一般不会离开寄居地。为了弥补无法移动带来的不便，它们的触手总是在海中飘动，时刻准备捕获从身边游过的各种小型猎物。海葵的触须上布满细小的触毛和刺丝胞，其中刺丝胞会使被触摸者产生类似荨麻疹般的灼痛感。海葵一旦发现猎物，触毛就会发出信号，刺丝胞就会分泌毒液，触须随之迅速做出反应，准确伸出触手将猎物捕获……触手的末端长有倒刺，能够刺穿小虾或小鱼等浮游动物。海葵的刺丝胞能分泌一种毒液，一旦注入其他动物体内就会产生刺痛或瘙痒的感觉，猎物被麻痹后便会动弹不得了。

### 奇特的小丑鱼！

　　小丑鱼的身体表面有一种特殊的体表黏液，可以使它安全自在地在海葵的触手间穿梭嬉戏却不会受到伤害。潜水员可就没这个福气了，他们一旦被海葵或"火珊瑚"等生物蜇伤，马上就会感到一阵灼痛，严重者还需要送到医院抢救呢！

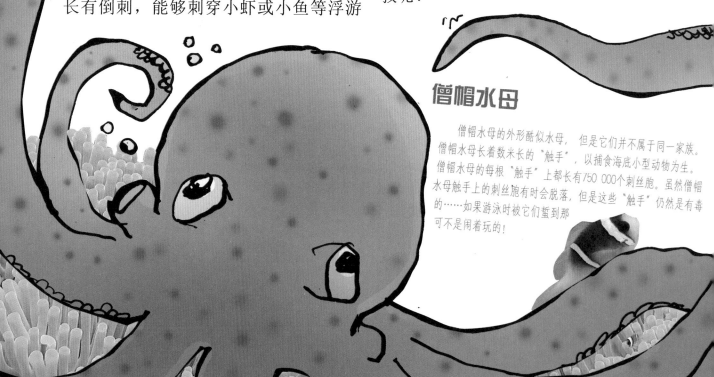

### 僧帽水母

　　僧帽水母的外形酷似水母，但是它们并不属于同一家族。僧帽水母长着数米长的"触手"，以捕食海底小型动物为生。僧帽水母的每根"触手"上都长有750 000个刺丝胞。虽然僧帽水母触手上的刺丝胞有时会脱落，但是这些"触手"仍然是有毒的……如果游泳时被它们蜇到那可不是闹着玩的！

## 水母的触手

科学家发现水母体内含有类似的毒素系统。一般说来，水母的每根触手只能使用一次，不过，如有需要，触手的内壁还可以长出新的触手来。

戴上海星，我就是海里的警长啦！

## 鱼的触须

大海里并非到处都是有毒的生物。很多鱼类，尤其是生活在海底的鱼类，是靠嘴周围的"触须"捕食的。它们用嘴和触须探测海底的泥沙，感觉哪个是小虫哪个是空贝壳。这样，无论白天黑夜，鱼类都可以捕食，即使海水浑浊不堪也无所谓。不过还是小心为妙，要是被大鱼发现那可就危险啦！ 如果某些小虫不小心被鲟鱼咬住的话，这个"亲吻"可是要丢掉性命的！

# 当心，水里有电！

## 侧线

鱼类触觉器官的进化方式非常独特。几乎所有鱼类的身体两侧都长有侧线，即许多小孔排列而成的线条。这些小孔分布在一些鳞片上，既在内部与压力感受器相连，又通过管口与外部相通。当水流产生压力时，小孔发生轻微变形，随之传递给感受细胞，从而产生了神经冲动使鱼类感觉到这种变化。当同类、猎物或捕食者经过时，侧线就可以帮助鱼类敏锐地感到水压的变化。

### 动物世界面面观

几年前，在南锡的水族馆里，一条电鳗照亮了整个水族馆。它通过一个小型系统吸收电量，并把电流传给旁边的灯泡……这真是节省能源的好办法呀！

## 高压线

并不是所有的鱼类都有侧线，例如，鲨鱼和电鳐就没有侧线，不过它们的头上长有独特的电场传感器，学名叫做"劳氏囊器官"。在水下，除了水流运动外，鱼类游动也会产生微弱的生物电场，由于水的导电性很好，"劳氏囊器官"能够很快捕捉到鱼类产生的电场。一些鱼类会通过分析对方的电场来判断它们有没有生病或受伤，以便决定是否发起进攻。要知道，抓一条病鱼或伤鱼总比抓一条精力充沛的鱼要容易得多！

## 电 鳗

电鳗的游动方式非常独特，它们能随意向前或向后移动。但更特别的是，它们能够产生电流。此外，有一种大型电鳗能释放出十分强大的电流，足以将人击昏。需要提醒大家注意的是，并不是所有电鳗都拥有如此强大的发电能力。

**疑难词汇**

鱼类学家：研究鱼类的专家。

### 电池

海底还生活着一些更强大的电鱼，它们体内有一套类似于我们常见的蓄电池结构的发电器官，是由肌肉细胞演变而成的。这些鱼类不仅能感受到生物电场，还能自己产生电场。拥有这种机能，同类之间就可以利用电流相互交流，也可以通过放电捕获猎物。当其他鱼类出现在电鱼可放电的范围内时，电鱼就会释放电流将其电晕，然后便可美餐一顿。鱼类学家*和违禁捕鱼者也会使用电击的办法捕鱼，不过前者是为了研究鱼类，后者的行为则属于非法捕捞。使用"电击"这一办法几乎可使同一海域内的所有鱼类无一幸免。如果把被电击的鱼类迅速放回大海里，鱼儿不久就能醒过来，不过若是耽搁几分钟，鱼儿可就完蛋了，您爱怎么摆布它们就怎么摆布它们吧！

# 像鼹鼠一样瞎

## 鼹鼠需要戴眼镜吗？

鼹鼠视力不佳，有的鼹鼠简直就是瞎子。我们实在想象不出来这些家伙是如何看清事物的。鼹鼠的眼睛很小，有时还会被眼皮完全盖住。鼹鼠在黑暗的地下挖掘隧道，然后就生活在里面，所以，鼹鼠只要嗅觉和触觉灵敏就可以了，视觉对于它们并不是特别重要。鼹鼠那圆柱形的身体可以帮助它们丈量地道的直径，柔软的皮毛帮助它们在挖掘过程中辨别方向。因为毛短，鼹鼠可以在狭长的隧道里自由自在地来回奔跑。鼹鼠的长毛主要集中在下巴上、脑袋两侧和前爪的外沿，尾巴则向后微微垂直。潮湿的地道很容易孳生蚯蚓、蜗牛等虫类，鼹鼠在地下"餐厅"里就可以进餐啦。

### 艾梅尔器官

鼹鼠的鼻尖上长着一个特殊的器官——"艾梅尔器官"。对于麝鼠*或美洲鼹鼠（"星鼻鼹"）等水栖鼹鼠来说，这个"艾梅尔器官"的作用可大了！比利牛斯山的麝鼠鼻子非常小，艾梅尔器官就长在鼻孔周围。小朋友，你知道吗，在麝鼠那小小的鼻子上竟然有10 000多个神经末梢。这些神经末梢好似微型玫瑰花，每一根上都长着对环境很敏感的触毛。

不好，迷路啦！

## 疑难词汇

**麝鼠：**一种水栖鼹鼠，前趾无蹼，尾稍扁平，长鼻。

## 星鼻鼹

　　星鼻鼹体长10厘米左右，重50余克。星鼻鼹其实并不是真正的鼹鼠科动物。它的鼻尖上长着一个直径1厘米的圆盘，由22条玫瑰色的肉质附器组成，星星形围绕在鼻孔四周。这个圆盘是星鼻鼹的触觉器官，和麝鼠小巧的鼻子不同，它的内部含有大量的神经纤维和细小的感觉绒毛。最长的两根附器总是指向前方，其余的20根指向各个方向并不停转动。由于星鼻鼹是非常脆弱的动物，一旦离开其生存的环境很快就会死亡，所以直到今天，科学家也没有完全弄清楚星鼻鼹那奇特的鼻子的具体构造。不过我们可以对此做大胆的猜想，这颗"星星"至少应该具有以下几种功能：游泳时辨别方向，探测环境，发现和捕获猎物，甚至可以帮忙选择制作巢穴的材料。最令人吃惊的是这个无所不能的鼻子在水下也能大显身手：星鼻鼹能够追寻某种气味在水下穿行！

# 摸索中前进

触角、触须、口须……动物拥有属于自己的触觉器官，当然有自己的使用方法。

### 套管式天线

小朋友，如果你有耐心，观察蜗牛会是一件非常有趣的事情。蜗牛视力不好，看不太清前方的物体，因此触觉器官对于这种腹足纲类[*]动物来说十分重要。我们都见过蜗牛用它的触角触摸障碍物，一旦碰到物体，触角就会立即缩回，然后再重新小心翼翼地伸出去。最前方的小触角

负责感知触觉和味觉，较大的触角则长在比较高而且靠后的位置上。触角顶端长有结构简单的眼睛。蜗牛的眼睛对红外线比对可见光更敏感。

> 停，要撞上啦！

## 动物世界面面观

生活在陆地上的无脊椎动物的触觉器官十分丰富。比如蜘蛛除了拥有8只眼睛和8条腿外，还有一对"脚须"。这些小附器位于头部两侧，在毒牙和螯肢附近。这些触觉感受器官能使动物了解它所接触的物体、靠近的物体、捕获的物体以及要食用的物体。此外，雄蜘蛛也需要依靠脚须给雌蜘蛛授精。螯虾或石蟹也能通过螯上的"钢毛"获得一些触觉信息。当虾蟹感受到危险时，就会使用螯足夹住对方（要知道任何进攻都不是没来由的），所以与其说螯足是触觉器官，倒不如说它是机械工具。

## 海 兔

蜗牛有一族表亲生活在大海里。它们体色鲜艳，没有外壳，看起来十分脆弱，它们的学名叫做"裸鳃海蛞蝓"，我们常常称其为"海兔"。注意啦！很多海兔都是有毒的！海兔的皮肤表面，也就是外皮布满了有毒的细胞。海兔头尾相连一个接一个地在珊瑚礁中四处游荡，好像一列小火车在海底开过。

## 雌雄同体*的蜗牛

两只蜗牛相遇是一件十分有趣的事情。蜗牛是"雌雄同体"动物，一只蜗牛既是雄蜗牛又是雌蜗牛。蜗牛异体交配，雌雄均产卵。当两只蜗牛相遇时，它们就会用身上的钙质组织互相插入对方体内。我们把这叫做"刺激器官"，这样有利于繁殖后代。有时钙质组织会碎裂，留在对方的体内，那肯定不会太舒服啦……

真有意思！

### 疑难词汇

**腹足纲类：** 软体动物门中最大的一个纲，包括蜗牛、蛞蝓等等。

**雌雄同体：** 指一只动物既是雄体又是雌体，如蜗牛或某些扇贝。

# 其他感觉

**在**看不见的空间分辨物体，在听不见的空间聆听声音，全身心感受事物，像蛇一样吞食食物……将动物的五种感觉与人类的感觉作比较，光是想想就已经很复杂了。另外还有令人无法置信的感觉能力，难以将它们归于"传统"的感觉之中。

## 动物有第六感吗？

# 能找到 "北" 的鸟儿

找到北方最简单的办法就是随身携带一个指南针。很久以前，人类就已经开始使用这个办法了。

*觉诉的我呀！直告直告我呀！*

## 为什么动物不会迷路？

某些海洋生物和鸟类因迁徙而闻名。它们每年都会从繁殖地重新回到过冬的场所，沿途能够正确辨别方向，不会迷路。迁徙的鸟是如何找到正确的方向的呢？这个问题长时间困扰着鸟类学家。科学家们首先想到的是鸟可以借助太阳和星星辨明方向，不过这必须是在晴天才行。可是，我们发现，即使阴雨绵绵，动物们一样继续赶路！因此，生物学家猜测许多动物，不管是脊椎动物还是无脊椎动物，应该可以感受到地球磁场。但是问题仍然没有彻底解决，到底是什么器官使它们感受到了磁场呢？

*你怎么知道要往那边飞？*

**磁场**

磁北和地理北极并不是一回事。不过，如果你找到了其中的一个，那么找到另一个就不是什么难事了。陆地磁场随着时间的推移会发生一些变化，但对于能感受到磁场的动物来说，相对于它们的移动，磁场是静止的，因此可以根据既定角度辨别方向，白腹毛脚燕和绿翅鸭就是如此。

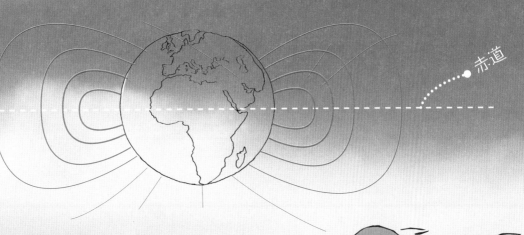

赤道

## 船载指南针

科学家在鲨鱼的头部发现了一个由特殊细胞组成的结构，叫做"洛伦氏壶腹"。这个结构能够借助磁场帮助鲨鱼在茫茫的大海里辨别方向。另外，研究发现表明，鲑鱼的侧线和鸽子大脑中的某些构造与磁铁矿金属微粒的结构相同。这就说明这些动物体内含有微型磁棒，能够帮助它们在水下或空中找到方向。

## 动物世界面面观

生物学家为了观察动物行为，把鸽子放在一根大的磁棒旁边。想知道接下来发生了什么吗？哎呀，鸽子完全迷路啦！这是因为磁棒的磁场干扰了地球的磁场，鸽子就无法辨别方向啦！

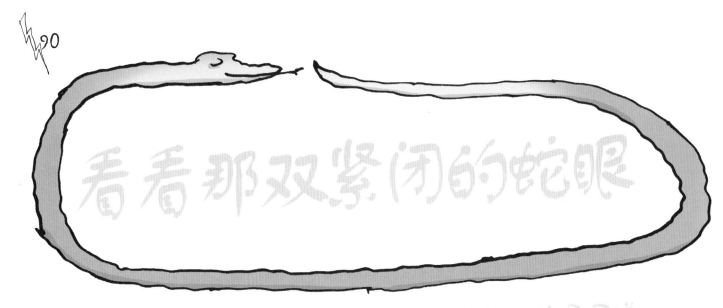

# 看看那双紧闭的蛇眼

有些毒蛇在黑夜也能看清事物，这是因为它们长有红外感受器。这究竟是一个怎样的器官呢！

## 太阳不仅仅是用来照明的

盛夏，阳光普照。正午时分，你如果光脚走在沙滩上，一定会被晒伤。这种热量来自于我们肉眼看不见的光线——红外线。温血动物或者说恒温动物主要包括哺乳动物和鸟类，它们可以自己产热，而且产生的热量往往比周围的环境温度高，同时，它们还能释放出红外线。光学家利用这一原理制造出红外线双筒望远镜，这样即使在漆黑的环境中也能看见人或动物的影子了。

当心，危险！

你知道吗，使用红外线双筒望远镜时一定要小心，否则很容易灼伤眼睛。另外，在白天不能使用这种望远镜。如果一定要在白天使用红外线双筒望远镜，你应该用遮挡片遮住镜头……不过，让人难以置信的是，即使遮住镜头，还是能够看见物体的影子。

蛇的颊窝位于蛇类头部眼睛和鼻孔之间，呈凹型窝状。

蛇的颊窝

某些动物长有特殊的器官，能够让它们"看到"红外线。蛇的颊窝就是一种灵敏的红外线探测器：蟒蛇的颊窝长在上下唇两侧；来自美洲的眼镜蛇（长度平均为2米，重2～5千克）的颊窝则位于眼睛和鼻孔之间。颊窝里有丰富的感温神经末梢，使它们能准确找到红外线源。在蛇脑中，这些神经末梢的接收区域离视觉区很近，因此，科学家们认为蛇可以"看到"猎物，至少能看到影子，实际上它们感受到的不过是红外线源。只要附近任何物体的温度与颊窝所处的温度之间有一点点温差，蛇类的这个"红外线探测器"就能引起反应，它甚至能够感受到周围气温千分之几摄氏度的变化。

喂，还有我呢！介绍我的那章在哪里啊！！！

# 奇特的鸭嘴兽

因篇幅有限，我们无法为所有动物都单列一章，但是来自澳大利亚的鸭嘴兽实在是个特例！下面，就让我们一起进入奇特、充满奥妙的鸭嘴兽世界吧！

## 带电的鸭嘴兽

近年来，人们才逐渐对鸭嘴兽有了部分了解。鸭嘴兽大约有40 000个微小的电感器，比其他许多哺乳动物的电感器都要多。水下，一些小型无脊椎动物由于肌肉收缩而产生微弱的电场，鸭嘴兽靠着头部和吻部的左右运动便可以感受到这些电场的存在。在鸭嘴兽的大脑中，有一个很大并能够接收部分视觉信息和听觉信息的区域，这里容纳了对电流敏感的神经末梢。因此，我们可以说，鸭嘴兽是通过电场来"看"世界的。

雄性鸭嘴兽是目前世界上所发现的唯一的有毒哺乳动物。它的后足上长有毒腺和毒钩。

一头产卵的哺乳动物？？？简直太不一般了……

## 在哪里能够遇到鸭嘴兽？

鸭嘴兽生活在澳大利亚东部地区的河流中，塔斯马尼岛上也有鸭嘴兽栖息。但要注意，它们不会出现在约克海峡北部，可能是因为那里的气候不够湿润吧！其实，鸭嘴兽是一种两栖动物，它们日夜在水中捕食，却喜欢在陆地上挖个洞来休息。一亿一千万年来，鸭嘴兽和它的祖先始终都是这样生活的！

成年鸭嘴兽如果不算上尾巴体长30～40厘米，尾巴有10～15厘米，体重在1～2.5千克之间。

鸭嘴兽的每只眼睛上都有一块白斑。人们第一次看到鸭嘴兽时，都不禁要找一找它的眼睛到底在哪里。鸭嘴兽习惯于夜里下水，由于河水并不总是清澈的，所以它会闭着眼睛潜入水中。这时它就要靠眼睛上的白斑辨别方向啦！这块白斑可以感受到不同强度的光线，能够为鸭嘴兽指引前进的方向。

鸭嘴兽身上最令人啧啧称奇的地方要数它那灵活、柔软的鸭嘴啦！

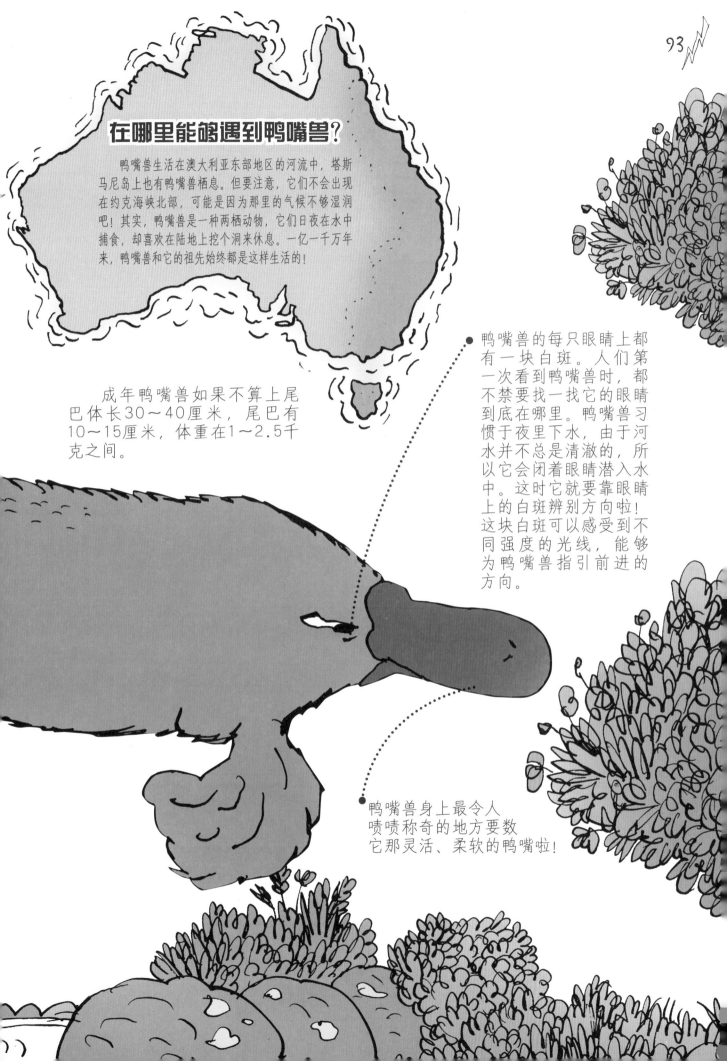

别着急，还没有介绍我们此次旅行的导游先生呢！

非洲食蚁兽

　　非洲食蚁兽，仅存于非洲，仅有一个品种，以蚂蚁和白蚁为食。大象、蹄兔（生活在非洲和近东地区的小型哺乳动物，像兔子）还有海牛都是它的近亲。这个家族真是够奇怪的！对非洲食蚁兽来说，非洲大陆的许多地方都是不错的栖息地，不过它不喜欢在沙漠和热带雨林地区生活。非洲食蚁兽体长约1.5米，重50~80千克。因其善挖掘且外形与猪相似，所以得一绰号"土豚"，就是"土猪"的意思。"土豚"喜欢白天躲在洞穴里，夜晚出来活动，它会用强有力的爪子挖掘白蚁洞穴，然后用长长的舌头舔食白蚁享受美味！

图书在版编目（CIP）数据

动物怎样看世界 /（法）穆图等著；王大智，毛莹译 . 一上
海：上海科学技术文献出版社，2016.1
ISBN 978-7-5439-6711-3

Ⅰ . ① 动…　Ⅱ . ① 穆…② 王…③ 毛…　Ⅲ . ① 动物—儿童
读物　Ⅳ . ① Q95-49

中国版本图书馆 CIP 数据核字（2015）第 129194 号

Original edition: Pourquoi les taupes ne portent-elles pas de lunettes?
Copyright © Editions Le Pommier —Paris, 2008
DIVAS INTERNATIONAL （迪法国际）代理本书中文版权。
contact@divas.fr.

Copyright in the Chinese language translation (Simplified character rights only) ©
2011 Shanghai Scientific & Technological Literature Press

图字：09-2010-449

责任编辑：张　树　李　莺
封面设计：许　菲

动物怎样看世界

[法] 弗朗索图 • 穆图　帕斯卡尔 • 勒梅特尔　著
王大智　毛　莹　译
出版发行：上海科学技术文献出版社
地　　址：上海市长乐路 746 号
邮政编码：200040
经　　销：全国新华书店
印　　刷：昆山市亭林印刷有限责任公司
开　　本：889×1194　1/16
印　　张：6
版　　次：2016 年 1 月第 1 版　2016 年 1 月第 1 次印刷
书　　号：ISBN 978-7-5439-6711-3
定　　价：35.00 元
http://www.sstlp.com